Swati Patel
R. Krishnamurthy

Efeito dos metais pesados na mostarda indiana

Swati Patel
R. Krishnamurthy

Efeito dos metais pesados na mostarda indiana

Aspectos morfológicos e fisiológicos

ScienciaScripts

Imprint

Cover image: www.ingimage.com

This book is a translation from the original published under ISBN 978-620-2-06154-4.

Publisher:
Sciencia Scripts
is a trademark of
Dodo Books Indian Ocean Ltd. and OmniScriptum S.R.L publishing group

120 High Road, East Finchley, London, N2 9ED, United Kingdom
Str. Armeneasca 28/1, office 1, Chisinau MD-2012, Republic of Moldova, Europe
Managing Directors: Ieva Konstantinova, Victoria Ursu
info@omniscriptum.com

Printed at: see last page
ISBN: 978-620-8-41217-3

RECONHECIMENTO

Tenho uma dívida para com **Deus**, o Todo-Poderoso, cujas bênçãos me permitiram ultrapassar mais um capítulo da minha vida.

R. Krishnamurthy (Diretor, C.G. Bhakta Institute of Biotechnology, Bardoli) por me ter proporcionado as condições para a realização de um trabalho de dissertação e também pelo seu grande interesse, orientação constante e encorajamento que me ajudaram a concluir o trabalho de dissertação a tempo.

Aruna Joshi, do Departamento de Botânica da Universidade Maharaja Sayajirao de Baroda, pela sua orientação e motivação constantes para realizar uma boa investigação.

G. Sandhya Kiran, Chefe do Departamento de Botânica da Universidade Maharaja Sayajirao de Baroda, por me ter permitido fazer o doutoramento no Departamento e também por me ter nomeado bolseiro de investigação júnior no projeto.

Um agradecimento especial ao meu colega de laboratório**, Sr. Ashutosh Pathak**, que tem sido uma fonte de inspiração e de encorajamento para fazer um bom trabalho.

Os meus sinceros agradecimentos aos meus amigos, **Nachiket Tandel e Nidhi Patel**, pela sua ajuda e apoio durante todo o percurso.

Por último, mas não menos importante, o meu vocabulário não tem palavras para exprimir o meu profundo sentimento de gratidão para com **os meus pais e a minha irmã mais velha** pela sua atitude positiva, amor infinito, apoio tremendo, orações silenciosas e bênçãos que me tornaram suficientemente forte para vencer todas as batalhas da vida.

-SWATI R. PATEL

ÍNDICE DE CONTEÚDOS

1. INTRODUÇÃO

Pensa-se que o principal centro de origem da mostarda indiana é a Ásia Central, enquanto os centros secundários se situam na China Central e Ocidental. Os principais países produtores de mostarda indiana incluem o Canadá, a China, a Alemanha, a França, a Austrália, o Paquistão, a Polónia e a Índia. *A B. juncea* é uma cultura anfidiplóide e a segunda oleaginosa comestível mais importante na Índia, a seguir ao amendoim, e representa cerca de 30% do total de oleaginosas produzidas no país. A mostarda indiana é cultivada nos Estados de Punjab, Rajastão, Uttar Pradesh (UP), Assam, Gujarat, Haryana, Madhya Pradesh (MP) e Bengala Ocidental (WB) como cultura Rabi (Duhoon et al., 1998; Dutta et al., 2008; Misra et al., 2010). No passado, a área cultivada com colza e mostarda aumentou globalmente de 6,3 milhões de hectares em 1961 para 34,3 milhões de hectares em 2012, com um aumento médio de 0,56 milhões de hectares por ano. No mesmo período, a produção aumentou de 3,68 para 65,1 milhões de toneladas, com um aumento médio de 3,68 milhões de toneladas por ano. Estas culturas ocupam uma posição de destaque como as segundas oleaginosas mais importantes no mundo e na Índia.

1.1 Descrição geral, cultivo e utilização como planta de cultura

A família Brassicaceae é constituída por 350 géneros e cerca de 3500 espécies (Malan et al., 2011). *A Brassica juncea,* vulgarmente designada por mostarda indiana, é uma cultura de sementes oleaginosas de Brassica cujo cultivo se estende desde a Índia, passando pelo Egito ocidental e pela Ásia Central, até à Europa.

Kingdom	: Plantae
Order	: Brassicales
Family	: Brassicaceae
Genus	: Brassica
Species	: *B. juncea* (Nishi, 1980)

É vulgarmente conhecida como rai, raya e laha, e é uma das mais importantes culturas oleaginosas do país, ocupando uma área consideravelmente grande entre o grupo de culturas oleaginosas Brassica (Walia et al., 2011). *A Brassica juncea* (L.) Czern. pertence à família

Cruciferae (Brassicaceae), vulgarmente conhecida como a família da mostarda. O nome crucífera deriva da forma da flor, que tem quatro pétalas diagonalmente opostas em forma de cruz. *A B. juncea* tem uma folhagem verde-clara, com alguns pêlos nas primeiras folhas e lâminas foliares que terminam bem acima do pecíolo. A inflorescência é um racemo alongado e as flores são amarelo-pálido. As plantas adultas *de B. juncea* atingem uma altura de um a dois metros.

A Brassica juncea pode ser dividida em quatro subespécies, com morfologia, qualidade, caraterísticas e utilizações diferentes (Spect e Diederichsen, 2001).

1. *B. juncea* ssp. *integrifolia,* utilizada como folha na Ásia.
2. *B. juncea* ssp. *juncea,* cultivada principalmente pelas suas sementes e, ocasionalmente, como forragem.
3. *B. juncea* ssp. *napiformis,* utilizada como legume de raiz.
4. *B. juncea* ssp. *taisai,* os caules e as folhas são utilizados como produtos hortícolas na China

A semente oleaginosa *B. juncea* é cultivada como uma cultura de especiarias na América do Norte, mas também é utilizada como fonte de óleo de cozinha na Ásia. O oeste do Canadá tornou-se um grande produtor de sementes de mostarda desde a Segunda Guerra Mundial, quando os fornecimentos da Europa Ocidental, a base histórica da produção, foram interrompidos.

Para fins de especiarias, o aspeto da semente é particularmente importante e, por conseguinte, a cultura é efectuada em regiões mais a sul e mais secas, onde o risco de sementes verdes na colheita é reduzido. Em comparação com as espécies de canola mais amplamente cultivadas, *B. napus* e *B. rapa, a B. juncea* é mais tolerante ao stress térmico e à seca (Woods et al., 1991). A espécie não se estilhaça tão facilmente como a *B. napus*, pelo que pode ser cortada a direito ou enrolada e combinada (Hemingway, 1995).

As partes folhosas da *B. juncea* são utilizadas em saladas e numa variedade de alimentos preparados e a semente inteira moída é um condimento. Em países como o Bangladesh, a Índia e o Paquistão, a mostarda (*B. juncea)* é utilizada para obter óleo comestível. As sementes *de B. juncea* também têm aplicação industrial como biocombustível e farinha para biopesticidas (Kimber e McGregor, 1995).

1.2 Mostarda como semente oleaginosa

As sementes de mostarda são uma das principais fontes de óleo e de farinha na Índia. A pungência do óleo é considerada como o principal fator "determinante da qualidade". O Rajastão é o maior produtor de sementes de mostarda do país, com uma contribuição de 54% para a produção total de sementes de mostarda, seguido do Punjab e do Haryana, que contribuem com 14%. Outros grandes produtores nacionais de sementes de mostarda são Madhya Pradesh / Chhattisgarh (13%) e Gujarat (7%). O grão de mostarda é utilizado principalmente como fonte de óleo alimentar e de farinha proteica, sendo também utilizado como condimento. A recuperação de óleo das sementes de mostarda varia entre 38-44%, consoante a variedade e os processos de trituração.

O remanescente após a extração do óleo é utilizado como farinha para a alimentação do gado. O consumo de sementes de mostarda como condimento é mais elevado na Índia do que no resto do mundo. Na Índia, o óleo de mostarda é consumido maioritariamente nos Estados do Norte como óleo de cozinha e, no Sul da Índia, é utilizado para a conservação de produtos alimentares. O Quadro 1 resume os principais centros de comércio de sementes de mostarda na Índia e a Fig. 1 resume o cenário mundial.

Quadro 1: Principais centros de comércio de sementes de mostarda

State	Trading Place
Rajasthan	Alwar, Bharatpur, Kota, Ganjanagar, Jaipur & Bikaner
Uttar Pradesh	Hapur, Agra & Kanpur
West Bengal	Kolkata & Bardwan
Madhya Pradesh	Marena, Gwalior & Shivpuri
Haryana	Faridabad, Bhiwani, Hissar & Mahendragarh
Punjab	Ludhiana, Bhatinda, Faridkot & Fathepur sahib

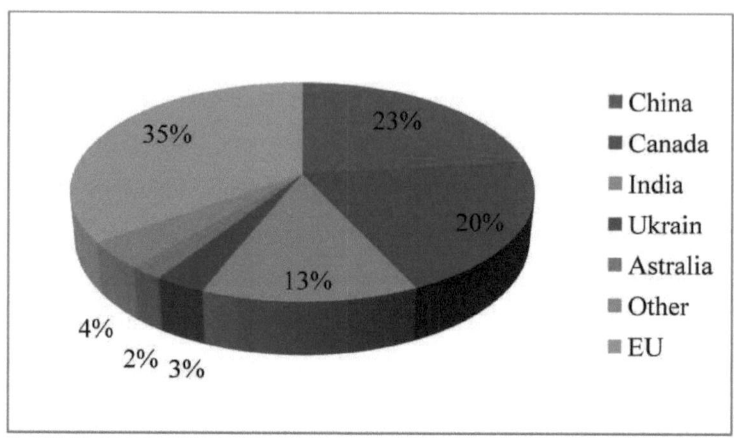

Fig. 1: Principais países produtores de sementes de mostarda no mundo

1.3 Valor nutricional

As folhas, as sementes e o caule da mostarda da Índia são comestíveis. As sementes de *B. juncea* contêm 25-30% de óleo gordo não secante e o glicosídeo sinigrina. As folhas das plantas jovens são utilizadas como legumes verdes, uma vez que fornecem enxofre e minerais suficientes para a dieta. *A B. juncea* é utilizada para fazer o pickle indiano chamado Achar, e o pickle chinês conhecido como Zha cai (Everitt, 2007). As folhas jovens e tenras da mostarda são utilizadas em saladas ou misturadas com outras verduras para salada. As folhas mais velhas com os caules podem ser consumidas frescas, enlatadas ou congeladas, para fazer puré e, até certo ponto, em saladas. As suas folhas basais são consumidas cruas e utilizadas em saladas ou cozinhadas como os espinafres. As folhas e os caules são também adicionados a sopas e guisados. A mostarda é frequentemente cozinhada com fiambre ou carne de porco salgada e pode ser utilizada em sopas e guisados. Os resíduos das sementes são utilizados como alimento para o gado e em fertilizantes. Na Ásia, alguns tipos de mostarda são conservados em pickles (chamados hum choy e sajur asin) (Grubben e Denton, 2004).

As sementes são muito picantes e são utilizadas para temperar carnes e outros pratos. Embora seja muito cultivada como legume, está a ser cultivada mais pelas suas sementes, que produzem um óleo essencial e um condimento. O óleo é utilizado para conservar alimentos na cozinha Kashimiri e Bengali. É utilizado como óleo de cozinha em partes da Índia e do

Bangladesh. O óleo de mostarda é um dos óleos comestíveis mais saudáveis. O óleo de mostarda é mais saudável do que o azeite porque não contém gorduras trans, tem baixo teor de gorduras saturadas, alto teor de gorduras monoinsaturadas e ácidos gordos polinsaturados, como o ómega 3. É estável a altas temperaturas, o que o torna ideal para a cozinha indiana e até para fritar. A mostarda é também uma alternativa mais económica ao óleo alimentar e torna os alimentos mais saborosos. Em quantidades muito pequenas, é frequentemente utilizada pela indústria alimentar para dar sabor. A farinha de sementes de mostarda é uma boa fonte de proteínas (28-36%) e de antioxidantes fenólicos, como a sinapina e o ácido sinápico (Das et al., 2009). O óleo de mostarda é também utilizado como óleo capilar, lubrificantes e como substituto do azeite na Rússia. O bagaço de sementes oleaginosas é utilizado para alimentação do gado e estrume.

1.4 *Brassica juncea* como cultura medicinal

Esta espécie foi descrita como remédio tradicional por muitas literaturas antigas (Manohar et al., 2009). A mostarda indiana é consumida como vegetal de folha e é uma fonte rica de vários micronutrientes, bem como de antioxidantes, vitamina C e E, β-carotenóides, etc. *A B. juncea* é considerada uma fonte ecológica de vários nutracêuticos ou medicamentos que são utilizados para prevenir e curar uma vasta gama de doenças não transmissíveis (Kumar et al., 2011). Sabe-se que a folha da mostarda indiana reduz as perturbações de ansiedade comórbidas (Thakur et al., 2013) e é também utilizada para produzir medicamentos que actuam como estimulantes, diuréticos e expectorantes (Farrell et al., 1985).

É também conhecida pelas suas utilizações terapêuticas farmacológicas devido aos seus bioconstituintes activos (Kumar et al., 2011). *A B. juncea* produz diferentes tipos de metabolitos primários e secundários, como proteínas, hidratos de carbono, glicosídeos, flavonóides, fenóis, esteróis e triterpenos alocóis (Lie et al., 2000; Yokozawa et al., 2002; Das et al., 2009; Jung et al., 2009). Os glucosinolatos e isotiocianatos são considerados muito activos na *B. juncea* (Hill et al., 1987; McNaughton e Marks, 2003), actuando como compostos anticancerígenos e antimicrobianos (Luciano e Holley, 2009; Okulicz, 2010; Zhang et al., 2010). A presença de diferentes brassinosteróides, nomeadamente castasterona, teasterona, 24-epibrassinolida e tifasterol, foi registada em *B. juncea* (Kanwar et al., 2015). Foi relatado que o 24-epibrassinolide aumenta a biossíntese fitoquímica em *B. juncea* sob stress do pesticida imidaclopride (Sharma et al., 2015a; 2015b).

1.5 Efeito dos metais nas culturas

A poluição elementar do ambiente é atualmente um problema importante que causa problemas de saúde nos animais e nos seres humanos. Alguns microelementos, como o zinco, o cobre e o manganês, entram no ambiente através do ar, da água e do solo e, finalmente, atingem a cadeia alimentar através da água contaminada, dos alimentos e de outros géneros alimentícios. Além disso, os seres humanos também estão diretamente expostos através de exposições profissionais e ambientais. Os contaminantes elementares estão entre as formas mais prevalecentes de contaminação encontradas em sítios de resíduos e a sua remediação em solos e sedimentos é difícil. O elevado custo das tecnologias de limpeza existentes levou à procura de novas estratégias de limpeza com potencial para serem de baixo custo, de baixo impacto, visualmente benignas e ambientalmente corretas (Banuelos et al., 1993; Anderson et al., 1998). As técnicas de fitoextracção implicam a eliminação dos poluentes do solo e os elementos tóxicos são acumulados nas partes colhíveis das plantas (Ebbs et al., 1997; McGrath, 1998).

A Brassica juncea pertence à família das brassicaceae e é uma planta de crescimento rápido que produz uma biomassa elevada mesmo em solos poluídos por metais pesados. Assim, esta planta pode ser um candidato potencial para a fitofiltração e/ou fitoestabilização de águas residuais contaminadas com metais pesados. Até agora, esta espécie vegetal tem sido utilizada em estudos sobre os efeitos de metais pesados como o cádmio (Qadir et al., 2004) e o arsénio (Gupta et al., 2009) nas plantas. Esta planta é utilizada para remover elementos metálicos do solo em locais de resíduos perigosos porque tem uma maior tolerância a estas substâncias e armazena os elementos nas células. Também evita a erosão do solo desses locais, o que, por sua vez, impede uma maior contaminação (Liu et al., 2000). Para estudar a acumulação de elementos num período de tempo razoável, são necessárias plantas com um tempo de vida curto, e *a Brassica juncea* seria ideal para este fim.

Entre os diferentes contaminantes metálicos, o cádmio (Cd) é um dos poluentes metálicos altamente tóxicos dos solos. A aplicação de lamas de depuração, resíduos urbanos e fertilizantes contendo Cd provoca o aumento do teor de Cd nos solos (Williams e David, 1973). Inibe o crescimento das raízes e dos rebentos e afecta a produção, a absorção de nutrientes e a homeostasia. Este poluente é frequentemente acumulado por culturas de importância agrícola e entra depois na cadeia alimentar com um potencial significativo para prejudicar a saúde animal e humana (Di Toppi e Gabrielli, 1999). A redução da biomassa devido à toxicidade do Cd pode ser a consequência direta da inibição da síntese de clorofila e da fotossíntese (Padmaja et al., 1990). Uma quantidade excessiva de Cd pode causar uma diminuição da absorção de elementos nutritivos, a inibição de várias actividades enzimáticas, a indução de stress oxidativo, incluindo alterações nas enzimas do sistema de defesa antioxidante (Sandalio et al., 2001). Entre os metais pesados, que são poluentes generalizados da camada superficial do solo, o cádmio é um dos mais tóxicos. Nas plantas, o Cd inibe o crescimento das raízes e dos rebentos, afecta a absorção de nutrientes e a homeostase (Di Toppi e Gabrielli, 1999). Assim, o Cd é consumido pelos animais e pelos seres humanos através da sua dieta e pode causar doenças. A contaminação do solo com Cd também afecta negativamente a biodiversidade e a atividade das comunidades microbianas do solo (McGrath, 1994). O chumbo (Pb), um metal pesado potencialmente tóxico sem função biológica conhecida, tem atraído cada vez mais atenção devido à sua distribuição generalizada e ao risco potencial para o ambiente. A contaminação dos solos com Pb não altera apenas o micro-organismo do solo e as suas actividades. Também resulta na deterioração da fertilidade do solo, mas afecta diretamente a alteração dos índices fisiológicos e, além disso, resulta na diminuição do rendimento (Majer et al., 2002). Em última análise, o chumbo entra no corpo dos seres humanos através da cadeia alimentar e põe em perigo a sua saúde (Liu et al., 2003).

Assim, o presente estudo visava os seguintes objectivos, tendo em mente

2. OBJECTIVOS

- Estudar o efeito de diferentes metais no crescimento e rendimento das plantas
- Estudar o efeito de diferentes metais na produção de pigmentos
- Estudar o efeito de diferentes metais nos metabolitos primários
- Estudar o efeito de diferentes metais nos metabolitos secundários através de uma análise qualitativa

3. MATERIAIS E MÉTODOS

3.4 Lista de produtos químicos

3.4.1 Metais para a cultura da erva

- Sulfato de zinco [$ZnSO_4 .7H_2 O$] (SD Fine Chem. Ltd., Mumbai, Índia)
- Nitrato de chumbo [$Pb(NO)_{32}$] (Hi-Media, Mumbai, Índia)
- Cloreto de cádmio [$CdCl_2$] (SD Fine Chem. Ltd., Mumbai, Índia)

3.4.2 Solventes para extração de pigmentos

- Acetona a 80% (Astron Lab., Ahmedabad, Índia)
- Álcool etílico

3.4.3 Reagentes para ensaios bioquímicos quantitativos

> **Ensaio de hidratos de carbono**

- HCl 2,5 N (SD Fine Chem. Ltd., Mumbai, Índia)
- Sólido $Na_2 CO_3$ (SD Fine Chem. Ltd., Mumbai, Índia)
- Glicose padrão (SD Fine Chem. Ltd., Mumbai, Índia)
- Anthron (Qualikems Fine Chem. Pvt. Ltd, Índia)
- $H_2 SO_4$ (Loba Chem. Ltd., Mumbai, Índia)

> **Ensaio de proteínas**

- Tampão fosfato (pH 7,0)
- Ácido tricloroacético (SD Fine Chem. Ltd., Mumbai, Índia)
- NaOH (0,1 N)
- Reagente de Bradford
- Standard BSA (Hi-Media, Mumbai, Índia)

> **Ensaio de prolina**

- 3% Ácido sulfossalicílico
- Ácido acético (Loba Chem. Ltd, Mumbai, Índia)
- Ninidrina
- Tolueno (Hi-Media, Mumbai, Índia)

3.4.4 Reagentes para extração de óleo

- Clorofórmio:Metanol (2:1v/v)
- NaCl a 0,9% (SD Fine Chem. Ltd., Mumbai, Índia)

- n-hexano (SD Fine Chem. Ltd., Mumbai, Índia)

3.4.5 Reagentes TLC

Reagente solvente

- Acetato de etilo (Loba Chem. Ltd., Mumbai, Índia)
- Butanol (SD Fine Chem. Ltd., Mumbai, Índia)
- Ácido acético
- Água
- Gel de sílica

3.2 Métodos

3.2.1 Recolha de material de sementeira

Foram utilizadas sementes de mostarda *(Brassica juncea)* para a cultura em vaso, adquiridas na Navsari Agriculture University, Navsari.

3.2.2 Cultura da erva

As experiências de cultura em vaso foram efectuadas com sementes de mostarda. Os vasos de barro foram enchidos com uma mistura de solo e estrume de quintal e os vasos foram regados diariamente e mantidos sob fotoperíodo natural. As plantas foram expostas a solo não tratado (controlo) e a solo com zinco [$ZnSO_4 .7H_2 O$], chumbo [$Pb(NO)_{32}$] e cádmio [$CdCl_2$] aplicados (50, 100, 150, 200 e 250 mg/kg de solo). Cada vaso continha 1 kg de solo seco ao ar. Foram semeadas dez sementes em cada vaso. As plantas foram desbastadas até um máximo de seis por vaso, após uma semana de germinação. Cada tratamento, incluindo o controlo, foi repetido duas vezes.

3.2.3 Recolha de amostras

As amostras foram recolhidas com um intervalo de 15 dias durante 3 meses para a medição de vários parâmetros morfológicos de crescimento, peso seco, teor total de pigmentos, clorofila a e b, caroteno, diferentes metabolitos e estado dos metais das plantas. Duas réplicas de cada tratamento foram analisadas para os seus vários parâmetros e a média foi calculada.

3.2.4 Parâmetros morfológicos

Foram medidos os parâmetros morfológicos como o comprimento do rebento, o comprimento da raiz e a área foliar por planta.

3.2.5 Capacidade de retenção de água

Foi fornecida uma quantidade igual de água a todos os vasos e depois registou-se a água retida após alguns minutos.

3.2.6 Teor de clorofila

100 mg de folha fresca foram triturados num almofariz e pilão com 20 ml de acetona a 80%. O homogenato foi centrifugado a 3000 rpm durante 15 minutos. O sobrenadante foi guardado. O pellet foi re-extraído com 5 ml de acetona a 80% de cada vez, até se tornar incolor. Todos os sobrenadantes foram reunidos e utilizados para a estimativa da clorofila. A absorvância foi lida a 645 nm e 663 nm no espetrofotómetro. O teor de clorofila foi medido utilizando a fórmula dada por Arnon (1949)

Cálculo:

mg chl. a/gm tecido= 12,7 (A663)- 2,69(A645)* (V/1000*W)

mg chl. b/gm tecido= 22,9 (A645)- 4,68(A663)* (V/1000*W)

3.2.7 Parâmetros bioquímicos

> **Teor de hidratos de carbono**

Pesar 100 mg da amostra para um tubo. Hidrolisar, mantendo em banho-maria em ebulição durante 3 h, com 5 ml de HCl 2,5 N e arrefecer à temperatura ambiente. Neutralizar com carbonato de sódio sólido até à efervescência. Completar o volume para 100 ml e centrifugar a 5000 g, recolher o sobrenadante e retirar 0,5 e 1,0 ml para análise. A glucose foi utilizada como amostra padrão. Em seguida, adicionar 4 ml de antrão e incubar num banho de água a ferver durante 8 minutos, arrefecer à temperatura ambiente e medir a absorvância a 630 nm por fotometria.

> **Teor de proteínas**

As proteínas foram avaliadas pelo método de Bradford (1976). Folhas frescas (0,5 gm) foram homogeneizadas em 1 ml de tampão fosfato (pH 7,0). O homogenato bruto foi centrifugado a 5000 g durante 10 min. Foi adicionado meio ml de ácido tricloroacético (TCA) recentemente preparado e centrifugado a 8000 g durante 15 min. Os resíduos foram dissolvidos em 1 ml de NaOH 0,1 N e foram adicionados 5 ml de reagente de Bradford. A absorvância foi registada fotometricamente a 595 nm (Beckman 640 D, EUA) e a albumina de soro bovino foi utilizada para o desenho da curva padrão (Bradford et al., 1976).

> **Teor de prolina**

A concentração de prolina foi determinada utilizando o método de Bates et al. (1973). Folhas frescas (300 mg) foram homogeneizadas em 10 ml de ácido sulfossalicílico aquoso (3%). O homogenato foi centrifugado a 9000 g durante 15 min. Uma alíquota de 2 ml do sobrenadante foi misturada com um volume igual de ácido acético e ninidrina e incubada durante 1 h a 100 °C. A reação foi terminada num banho de gelo e extraída com 4 ml de tolueno.

O extrato foi agitado em vórtice durante 20 segundos e o cromatóforo contendo tolueno foi aspirado da fase aquosa e a absorvância determinada fotometricamente a 520 nm (Beckman 640 D, EUA) utilizando tolueno como branco (Bates et al., 1973).

Cálculo: - gmoles/gm tecido = (gg prolina/ml x ml Tolueno)/115,5

> **Método de hidrólise de sementes de mostarda**

Seguiu-se o método modificado de Bligh e Dyer, Folch (6;7; AOAC 983.23):
Sementes moídas (3 g) de mostarda *(Brassica juncea)* foram misturadas vigorosamente com 60 ml de clorofórmio:metanol (2:1 v/v). A enzima Clarase TM, prescrita no método AOAC, não foi utilizada, uma vez que não se registaram dificuldades com a transparência do solvente. Após filtração, a mistura de sementes moídas foi misturada com mais 40 ml da mistura clorofórmio:metanol.

Os dois filtrados foram reunidos e transferidos para uma ampola de decantação, sendo depois lavados com 25 ml de solução salina (NaCl a 0,9%) três vezes. A fase orgânica foi recolhida para um balão de fundo redondo e o solvente foi evaporado num evaporador rotativo. A quantidade de lípidos recuperados foi então medida gravimetricamente (Barthet et al., 2002).

> **Método Soxhlet para masturbar sementes**

As sementes de *Brassica juncea* foram colhidas no campo. As sementes foram transferidas para um recipiente de plástico com tampa, humedecidas e agitadas vigorosamente para remover o revestimento das sementes. A mistura foi diluída com água da torneira e as sementes foram peneiradas e novamente lavadas com água da torneira. As sementes descascadas foram secas ao sol e, posteriormente, secas a peso constante na estufa a 60 °C. As amostras secas foram primeiro esmagadas em partículas grosseiras utilizando um almofariz e um pilão, antes de serem moídas até se tornarem pó fino utilizando um misturador elétrico. O óleo contido na amostra em pó foi extraído com n-haxano, utilizando um aparelho de soxhlet. O óleo obtido foi armazenado num frasco castanho à temperatura ambiente até ao início do estudo.

> **Análise qualitativa do azeite**

Foram realizados testes químicos nos extractos etanólicos dos frutos e das sementes utilizando procedimentos normalizados para identificar os constituintes (Prashant et al., 2011).

- Aminoácidos e proteínas

Quando o extrato bruto é fervido com 2 ml de solução de Ninidrina a 0,2%, surge uma cor violeta que sugere a presença de aminoácidos e proteínas.

- **Hidratos de carbono**

A 0,5 ml do extrato adicionou-se 1 ml do reagente de Benedict e ferveu-se durante 5 minutos. O aparecimento de cor vermelha indica a presença de hidratos de carbono.

- **Fenóis e taninos**

O extrato bruto foi misturado com 2 ml de solução de $FeCl_3$ a 2%. Uma coloração azul-esverdeada ou preta indicou a presença de fenóis e taninos.

- **Saponina**

A 0,5 ml do extrato foram adicionados 0,5 ml de água destilada e agitados em vórtice durante 10 minutos. A formação de espuma indica a presença de saponina.

- **Flavanóide**

Foram adicionados 5 ml de solução diluída de amoníaco a uma porção do extrato do fruto, seguidos da adição de ácido sulfúrico concentrado. O aparecimento de uma coloração amarela indica a presença de flavonóides. A coloração amarela desaparece com o repouso.

- **Terpenóide**

5 ml de cada extrato foram misturados em 2 ml de clorofórmio e 3 ml de ácido sulfúrico concentrado foram cuidadosamente adicionados para formar uma camada. Uma cor castanha avermelhada na interface indica a presença de terpenóides.

> **TLC do óleo**

- **Preparação das placas de TLC**

As placas de vidro foram preparadas para TLC revestindo-as com uma espessura de 0,25 mm com sílica gel, utilizando uma espátula de TLC.

- Identificar as placas

As amostras foram colocadas nas placas TLC com tubos microcapilares. Aplicar 10 pl de cada amostra de ensaio numa placa de sílica Gel G pré-revestida de espessura uniforme e as placas de TLC preparadas (manchadas) foram eluídas utilizando um sistema de solventes constituído por acetato de etilo: Butanol: Ácido acético: Água (80:10:5:5 v/v). Desenvolver as placas no sistema de solventes a uma distância de 12 cm.

$$\textbf{Rf value} = \frac{\text{Distance traveled by the compound}}{\text{Distance traveled by the solvent front}}$$

4. RESULTADOS

EXPERIMENTAÇÃO 1: EFEITO DOS METAIS PESADOS NA MORFOLOGIA DAS PLANTAS *DE B. juncea*

Na presente experiência, foram utilizadas diferentes concentrações (100-800 mg) de três metais pesados (Zn, Pb, Cd) e foi observado o seu efeito em caracteres morfológicos como o comprimento dos rebentos e das raízes das plantas *de Brassica juncea*. Em condições de controlo, o comprimento dos rebentos e das raízes aumentou até 45 dias em vasos, tendo depois sido observada uma diminuição do comprimento. Este facto pode dever-se à depleção de nutrientes no solo. Quando se aplicaram concentrações mais baixas (100 e 200 mg) de Zn, observou-se uma variação no comprimento dos rebentos e das raízes. O aumento da concentração deste metal para 400 mg facilitou o crescimento das plântulas, mas um aumento adicional da concentração para 600 e 800 mg afectou negativamente o crescimento. Em todas as concentrações aplicadas, o comprimento do rebento e da raiz aumentou até aos 45 dias e, depois, observou-se uma diminuição do comprimento aos 60 e 75 dias. O comprimento ótimo do rebento e da raiz, ou seja, 13,55 ± 0,07 cm e 10,93 ± 0,06 cm, respetivamente, foi observado em plântulas cultivadas com 400 mg de concentração de Zn aos 45 dias (Quadro 2). Outro metal pesado, o Pb, quando aplicado em várias concentrações, na concentração de 100 mg, foi observado variação no comprimento do broto e da raiz entre diferentes intervalos de dias. Com o aumento da concentração (200 e 400 mg), o crescimento aumentou, mas um aumento adicional na concentração (600 e 800 mg) mostrou um efeito prejudicial. O comprimento ótimo do rebento e da raiz, isto é, 14,80 ± 0,18 cm e 10,60 ± 0,15 cm, foi observado com uma concentração de 200 mg de Pb no dia 45th (Quadro 3). Quando o terceiro metal Cd foi aplicado, foram observados resultados semelhantes, ou seja, o crescimento ótimo foi observado com uma concentração de 400 mg em 45th dias, ou seja, 13,12 ± 0,16 cm e 10,31 ± 0,09 cm de comprimento do rebento e da raiz, respetivamente. Concentrações mais baixas (100 e 200 mg) e mais altas (600 e 800 mg) não facilitaram o crescimento. Em todas as concentrações de Cd, 15-45 dias proporcionaram um melhor crescimento das plântulas, mas um aumento adicional no período de tempo afectou negativamente o crescimento das plântulas (Quadro 4).

Quadro 2: Efeito do Zn na morfologia da planta *B. juncea*

Metal concentration (mg)	Plant growth (cm)	15 Days	30 Days	45 Days	60 Days	75 Days
Control	Shoot length	8.55 ± 0.35	11.00 ± 0.57	14.40 ± 0.14	12.00 ± 2.82	11.20 ± 0.84
	Root length	5.25 ± 0.49	8.85 ± 0.49	10.40 ± 1.06	9.00 ± 0.57	8.35 ± 0.21
100	Shoot length	8.30 ± 0.26	8.60 ± 0.17	9.25 ± 0.35	5.50 ± 0.49	3.74 ± 0.14
	Root length	5.31 ± 0.27	5.92 ± 0.04	6.39 ± 0.15	3.70 ± 0.16	3.50 ± 0.47
200	Shoot length	8.75 ± 0.06	9.45 ± 0.49	10.45 ± 0.07	7.41 ± 0.12	6.24 ± 0.07
	Root length	5.37 ± 0.32	6.45 ± 0.22	7.69 ± 0.23	4.39 ± 0.42	3.82 ± 0.09
400	Shoot length	9.30 ± 0.14	9.42 ± 0.11	13.55 ± 0.07	8.77 ± 0.24	6.80 ± 0.13
	Root length	6.30 ± 0.14	6.60 ± 0.28	10.93 ± 0.06	6.80 ± 0.13	5.24 ± 0.22
600	Shoot length	6.34 ± 0.08	6.67 ± 0.24	8.24 ± 0.23	5.46 ± 0.19	4.68 ± 0.12
	Root length	3.71 ± 0.16	4.73 ± 0.09	4.54 ± 0.34	3.49 ± 0.07	2.19 ± 0.15
800	Shoot length	5.21 ± 0.12	5.61 ± 0.29	6.12 ± 0.10	4.55 ± 0.07	2.69 ± 0.12
	Root length	3.23 ± 0.09	3.69 ± 0.13	4.32 ± 0.11	2.87 ± 0.10	1.89 ± 0.12

Quadro 3: Efeito do Pb na morfologia da planta *B. juncea*

Metal concentration (mg)	Plant growth (cm)	15 Days	30 Days	45 Days	60 Days	75 Days
Control	Shoot length	8.55 ± 0.35	11.00 ± 0.57	14.40 ± 0.14	12.00 ± 0.82	11.20 ± 0.84
	Root length	5.25 ± 0.49	8.85 ± 0.49	10.45 ± 1.00	9.00 ± 0.57	8.35 ± 0.21
100	Shoot length	7.20 ± 0.57	7.63 ± 0.53	14.10 ± 0.53	11.90 ± 0.59	9.10 ± 0.14
	Root length	5.45 ± 2.05	6.66 ± 0.14	9.99 ± 0.34	8.20 ± 0.46	4.75 ± 0.35
200	Shoot length	9.38 ± 0.56	10.70 ± 0.16	14.80 ± 0.18	14.30 ± 0.03	5.55 ± 0.49
	Root length	6.43 ± 0.32	7.35 ± 0.64	10.60 ± 0.15	9.60 ± 0.53	3.45 ± 0.92
400	Shoot length	9.50 ± 0.39	10.60 ± 0.09	12.80 ± 0.38	9.30 ± 0.15	7.51 ± 0.40
	Root length	7.45 ± 0.42	7.99 ± 0.64	10.90 ± 0.08	7.20 ± 0.07	4.61 ± 0.37
600	Shoot length	5.55 ± 0.35	8.51 ± 0.38	9.05 ± 0.35	7.40 ± 0.42	5.65 ± 0.35
	Root length	3.95 ± 0.49	4.38 ± 0.68	5.17 ± 0.53	4.50 ± 0.21	2.55 ± 0.35
800	Shoot length	4.30 ± 0.28	4.55 ± 0.35	4.79 ± 0.27	4.60 ± 1.66	3.50 ± 0.51
	Root length	2.20 ± 0.14	2.70 ± 0.28	3.39 ± 0.24	2.50 ± 0.14	1.52 ± 0.47

Quadro 4: Efeito do Cd na morfologia da planta *B. juncea*

Metal concentration (mg)	Plant growth (cm)	15 Days	30 Days	45 Days	60 Days	75 Days
Control	Shoot length	8.55 ± 0.35	11.00 ± 0.57	14.40 ± 0.14	12.00 ± 0.82	11.20 ± 0.84
	Root length	5.25 ± 0.49	8.85 ± 0.49	10.45 ± 1.10	9.00 ± 0.57	8.35 ± 0.21
100	Shoot length	8.40 ± 0.14	8.40 ± 0.14	9.85 ± 0.07	6.66 ± 0.22	4.66 ± 0.19
	Root length	5.21 ± 0.15	5.71 ± 0.15	6.41 ± 0.12	4.24 ± 0.08	2.40 ± 0.11
200	Shoot length	8.19 ± 0.15	9.72 ± 0.11	10.31 ± 0.25	6.14 ± 0.09	4.75 ± 0.21
	Root length	5.67 ± 0.18	6.63 ± 0.23	7.58 ± 0.16	4.80 ± 0.13	2.86 ± 0.08
400	Shoot length	9.80 ± 0.16	10.16 ± 0.19	13.12 ± 0.16	7.71 ± 0.12	6.16 ± 0.17
	Root length	6.34 ± 0.08	7.26 ± 0.19	10.31 ± 0.09	5.22 ± 0.08	3.40 ± 0.17
600	Shoot length	5.64 ± 0.34	6.50 ± 0.44	7.54 ± 0.36	6.39 ± 0.15	4.69 ± 0.13
	Root length	3.54 ± 0.08	4.27 ± 0.18	4.71 ± 0.12	3.43 ± 0.07	2.67 ± 0.24
800	Shoot length	4.51 ± 0.16	1.71 ± 0.29	5.39 ± 0.26	4.48 ± 0.08	2.76 ± 0.17
	Root length	2.73 ± 0.18	3.32 ± 0.24	3.83 ± 0.07	2.63 ± 0.05	1.78 ± 0.07

EXPERIMENTAÇÃO 2: EFEITO DOS METAIS PESADOS NA ÁREA FOLIAR DAS PLANTAS *DE B. juncea*

Na experiência seguinte, avaliou-se o efeito dos metais pesados na área foliar em diferentes fases de crescimento, no prazo de 75 dias, das plantas de *B. juncea*. As áreas foliares das plântulas foram diferentes com diferentes concentrações de Zn no solo.

A área foliar das plantas de controlo era pequena em comparação com as plantas cultivadas em solos com concentrações mais baixas de Zn (100-400 mg). No entanto, quando foram utilizadas concentrações mais elevadas (600-800 mg), observou-se uma diminuição das áreas foliares (Quadro 5). A contagem óptima da área foliar, ou seja, 4,70±0,11 cm, foi observada com uma concentração de 400 mg e a 45th dias.

Quando o Pb foi aplicado em concentrações mais baixas (100 e 200 mg), a área foliar aumentou com o aumento do período de tempo até 30 dias. Um aumento adicional na concentração de metal (400-800 mg) aumentou a área foliar na concentração de 400 mg e depois diminuiu na concentração mais alta. A área foliar óptima (5,36±0,06 cm) foi observada com uma concentração de 400 mg de Pb a 45th dia (Quadro 6).

O terceiro metal, ou seja, o Cd, quando aplicado no solo, registou uma área foliar máxima em comparação com os metais anteriores. Com concentrações mais baixas (100 e 200 mg) de Cd, foram observados resultados semelhantes aos anteriores.

Uma concentração mais elevada (400 e 600 mg) facilitou o aumento da área foliar, mas uma concentração mais elevada (800 mg) mostrou um efeito prejudicial nas folhas e foi observada uma área menor. A área foliar ideal de 5,51±0,16 cm foi observada com a concentração de 400 mg e no dia 45th (Tabela 7).

Quadro 5: Efeito do Zn na área foliar (cm) da planta *B. juncea*

Time	Control	100 mg	200 mg	400 mg	600 mg	800 mg
15 Days	2.25 ± 0.21	2.43 ± 0.12	2.58 ± 0.14	3.05 ± 0.07	2.08 ± 0.09	1.69 ± 0.13
30 Days	3.15 ± 0.21	3.30 ± 0.14	3.50 ± 0.05	3.60 ± 0.12	2.60 ± 0.13	2.24 ± 0.22
45 Days	3.75 ± 0.35	4.06 ± 0.42	4.30 ± 0.13	4.70 ± 0.11	3.38 ± 0.14	2.66 ± 0.17
60 Days	2.75 ± 0.07	2.25 ± 0.07	2.80 ± 0.12	3.32 ± 0.11	2.48 ± 0.09	2.12 ± 0.09
75 Days	1.95 ± 0.19	1.30 ± 0.14	2.50 ± 0.09	2.90 ± 1.16	1.81 ± 0.13	1.51 ± 0.12

Quadro 6: Efeito do Pb na área foliar (cm) da planta *B. juncea*

Time	Control	100 mg	200 mg	400 mg	600 mg	800 mg
15 Days	2.25 ± 0.21	2.40 ± 0.11	2.66 ± 0.17	3.13 ± 0.07	2.06 ± 0.07	1.67 ± 0.11
30 Days	3.15 ± 0.21	3.34 ± 0.08	3.45 ± 0.07	3.74 ± 0.07	2.88 ± 0.13	2.19 ± 0.16
45 Days	3.75 ± 0.35	4.95 ± 0.21	5.11 ± 0.03	5.36 ± 0.06	3.15 ± 0.21	2.93 ± 0.07
60 Days	2.75 ± 0.07	2.90 ± 0.70	3.50 ± 0.13	4.15 ± 0.21	2.48 ± 0.09	1.86 ± 0.12
75 Days	1.95 ± 0.19	2.40 ± 0.14	2.66 ± 0.20	2.98 ± 0.13	1.86 ± 0.12	1.52 ± 0.32

Quadro 7: Efeito do Cd na área foliar (cm) da planta *B. juncea*

Time	Control	100 mg	200 mg	400 mg	600 mg	800 mg
15 Days	2.25 ± 0.21	2.95 ± 0.07	3.18 ± 0.09	3.33 ± 0.07	2.24 ± 0.14	1.90 ± 0.15
30 Days	3.15 ± 0.21	3.60 ± 0.14	4.20 ± 0.11	4.56 ± 0.07	3.10 ± 4.54	2.20 ± 0.09
45 Days	3.75 ± 0.35	4.15 ± 0.07	5.20 ± 0.14	5.51 ± 0.16	3.54 ± 0.07	3.00 ± 0.28
60 Days	2.75 ± 0.07	3.56 ± 0.05	3.80 ± 0.05	4.39 ± 0.13	2.59 ± 0.29	2.39 ± 0.13
75 Days	1.95 ± 0.19	2.71 ± 0.12	2.90 ± 0.17	3.48 ± 0.11	1.98 ± 0.08	1.81 ± 0.13

EXPERIMENTAÇÃO 3: EFEITO DOS METAIS PESADOS NO CONTEÚDO DE CLOROFILA A E CLOROFILA B EM PLANTAS *DE B. juncea*

Após a avaliação do efeito dos metais pesados nos caracteres morfológicos, no conjunto seguinte de experiências foi analisado o seu efeito na síntese de clorofila a e clorofila b. Quando o Zn foi aplicado em diferentes concentrações (100-800 mg), na fase inicial de crescimento, ou seja, no prazo de 60 dias, o teor de clorofila aumentou com o aumento da concentração de Zn. Na concentração de 100-400 mg, observou-se um teor mais elevado de clorofila, enquanto que em concentrações mais elevadas (600 e 800 mg) se observou um teor mais baixo de clorofila. O teor máximo de clorofila, clorofila a, ou seja, 2,035±0,170 mg/gm, foi observado com concentração de 400 mg em 45th dia (Tabela 8a) e clorofila b, ou seja, 1,601±0,120 mg/gm, foi observado com concentração de 200 mg em 45th dia (Tabela 8b). Mudando o metal no solo, ou seja, o Pb, foram obtidos resultados semelhantes, ou seja, a uma concentração mais baixa (100-400 mg), o teor de clorofila aumentou com o aumento da concentração. Mas a uma concentração mais elevada, com o aumento do período de tempo, o teor de clorofila diminuiu gradualmente. Neste caso, a clorofila a máxima (0,757±0,254 mg/gm) foi observada com 400 mg de concentração de Pb em 45th dia (Tabela 9a) e a clorofila b (0,415±0,13 mg/gm) foi observada com 200 mg de concentração de Pb em 45th dia (Tabela 9b). O Cd quando aplicado, com concentrações crescentes (100-400 mg), aumentou o teor de clorofila. Nas concentrações de 200 e 400 mg de Cd, foi observada uma pequena diferença para ambas as clorofilas, ou seja, a quantidade de clorofila a foi de 1,351±0,193 mg/gm a 200 mg e 1,422±0,275 mg/gm a 400 mg (Tabela 10a). Enquanto a clorofila b foi de 1,100±0,284 mg/gm e 1,197±0,475 mg/gm a 200 e 400 mg, respetivamente (Tabela 10b).

Quadro 8a: Efeito do Zn no teor de clorofila b (mg/gm) em plantas *de B. juncea*

Time	Control	100 mg	200 mg	400 mg	600 mg	800 mg
15 Days	0.028 ± 0.092	0.059 ± 0.005	0.075 ± 0.006	0.140 ± 0.070	0.026 ± 0.003	0.010 ± 0.007
30 Days	0.038 ± 0.077	0.073 ± 0.007	0.670 ± 0.200	1.030 ± 0.130	0.710 ± 0.090	0.065 ± 0.070
45 Days	0.210 ± 0.025	0.470 ± 0.237	1.823 ± 0.014	2.035 ± 0.170	1.134 ± 0.142	0.075 ± 0.029
60 Days	0.079 ± 0.021	0.354 ± 0.060	0.465 ± 0.049	0.721 ± 0.080	0.192 ± 0.120	0.044 ± 0.007
75 Days	0.037 ± 0.005	0.021 ± 0.002	0.063 ± 0.006	0.097 ± 0.012	0.039 ± 0.012	0.035 ± 0.012

Tabela 8b: Efeito do Zn no teor de clorofila b (mg/gm) em plantas *de B. juncea*

Time	Control	100 mg	200 mg	400 mg	600 mg	800 mg
15 Days	0.026 ± 0.006	0.037 ± 0.008	0.067 ± 0.007	0.038 ± 0.007	0.017 ± 0.014	0.025 ± 0.022
30 Days	0.023 ± 0.005	0.046 ± 0.006	0.484 ± 0.056	0.532 ± 0.072	0.560 ± 0.062	0.035 ± 0.005
45 Days	0.091 ± 0.035	0.076 ± 0.063	1.601 ± 0.120	1.568 ± 0.240	0.736 ± 0.34	0.046 ± 0.011
60 Days	0.065 ± 0.020	0.318 ± 0.110	0.324 ± 0.014	0.417 ± 0.040	0.214 ± 0.030	0.035 ± 0.001
75 Days	0.029 ± 0.006	0.032 ± 0.016	0.032 ± 0.009	0.069 ± 0.012	0.072 ± 0.084	0.001 ± 0.007

Quadro 9a: Efeito do Pb no teor de clorofila a (mg/gm) em plantas *de B. juncea*

Time	Control	100 mg	200 mg	400 mg	600 mg	800 mg
15 Days	0.028 ± 0.092	0.036 ± 0.004	0.057 ± 0.007	0.089 ± 0.003	0.046 ± 0.007	0.026 ± 0.019
30 Days	0.038 ± 0.077	0.041 ± 0.009	0.515 ± 0.106	0.685 ± 0.130	0.465 ± 0.063	0.051 ± 0.002
45 Days	0.213 ± 0.025	0.605 ± 0.105	0.535 ± 0.271	0.757 ± 0.254	0.565 ± 0.143	0.077 ± 0.005
60 Days	0.079 ± 0.021	0.235 ± 0.062	0.314 ± 0.028	0.597 ± 0.250	0.331 ± 0.075	0.095 ± 0.004
75 Days	0.037 ± 0.005	0.052 ± 0.008	0.165 ± 0.035	0.459 ± 0.084	0.226 ± 0.028	0.026 ± 0.005

Tabela 9b: Efeito do Pb no teor de clorofila b (mg/gm) em plantas *de B. juncea*

Time	Control	100 mg	200 mg	400 mg	600 mg	800 mg
15 Days	0.026 ± 0.006	0.019 ± 0.016	0.052 ± 0.009	0.037 ± 0.004	0.032 ± 0.003	0.006 ± 0.004
30 Days	0.023 ± 0.05	0.046 ± 0.019	0.515 ± 0.106	0.450 ± 0.052	0.395 ± 0.043	0.031 ± 0.013
45 Days	0.091 ± 0.035	0.337 ± 0.167	0.415 ± 0.135	0.234 ± 0.181	0.255 ± 0.051	0.059 ± 0.078
60 Days	0.065 ± 0.020	0.245 ± 0.091	0.312 ± 0.028	0.351 ± 0.161	0.322 ± 0.120	0.037 ± 0.055
75 Days	0.029 ± 0.006	0.046 ± 0.025	0.165 ± 0.035	0.314 ± 0.086	0.205 ± 0.077	0.004 ± 0.007

Quadro 10a: Efeito do Cd no teor de clorofila a (mg/gm) em plantas *de B. juncea*

Time	Control	100 mg	200 mg	400 mg	600 mg	800 mg
15 Days	0.028 ± 0.092	0.081 ±0.011	0.086 ± 0.007	0.310 ± 0.028	0.064 ± 0.010	0.037 ±0.001
30 Days	0.038 ± 0.077	0.169 ± 0.035	1.055 ± 0.198	1.775 ± 0.098	0.885 ± 0.137	0.634 ± 0.080
45 Days	0.219 ± 0.025	0.750 ± 0.282	1.351 ± 0.193	1.422 ± 0.275	0.927 ± 0.445	0.370 ± 0.212
60 Days	0.079 ± 0.021	0.037 ± 0.016	0.311 ± 0.150	0.225 ± 0.021	0.710 ± 0.02	0.022 ± 0.013
75 Days	0.037 ± 0.005	0.188 ± 0.065	0.259 ± 0.007	0.360 ± 0.105	0.232 ± 0.077	0.034 ± 0.013

Quadro 10b: Efeito do Cd no teor de clorofila b (mg/gm) em plantas *de B. juncea*

Time	Control	100 mg	200 mg	400 mg	600 mg	800 mg
15 Days	0.026 ± 0.006	0.043 ± 0.008	0.041 ± 0.002	0.193 ± 0.071	0.033 ± 0.007	0.025 ± 0.017
30 Days	0.023 ± 0.051	0.067 ± 0.194	0.514 ± 0.110	1.014 ± 0.141	0.421 ± 0.056	0.022 ± 0.06
45 Days	0.091 ± 0.035	0.252 ± 0.142	1.100 ± 0.284	1.197 ± 0.475	0.512 ± 0.035	0.083 ± 0.004
60 Days	0.065 ± 0.027	0.034 ± 0.009	0.122 ± 0.110	0.718 ± 0.187	0.336 ± 0.021	0.023 ± 0.004
75 Days	0.029 ± 0.006	0.142 ± 0.049	0.247 ± 0.038	0.312 ± 0.028	0.073 ± 0.007	0.025 ± 0.010

EXPERIMENTAÇÃO 4: EFEITO DOS METAIS PESADOS NO CONTEÚDO TOTAL DE PIGMENTO DAS PLANTAS *DE B. juncea*

Depois de se ter observado o efeito dos metais na clorofila a e b, na presente experiência avaliou-se o seu efeito no pigmento total. O Zn em concentrações mais baixas (100-400 mg) aumentou o teor de pigmento, mas quando a concentração foi aumentada, observou-se uma diminuição gradual do teor de pigmento. Não foi observada muita diferença no conteúdo de pigmento entre 200 mg (3,420±0,106 mg/gm) e 400 mg (3,590±0,417 mg/gm) em 45th dia (Tabela 11). Quando o Pb foi aplicado, observou-se uma diminuição do teor de pigmentos em comparação com o teor das plantas aplicadas com Zn. A concentração mais baixa (100-400 mg) de Pb pode aumentar o teor total de pigmentos, mas concentrações mais elevadas (600 e 800 mg) afectaram negativamente a síntese. Neste caso, o teor máximo de pigmento total foi observado com uma concentração de 400 mg no dia 45th , ou seja, 1,930±0,320 mg/gm, que diminuiu ligeiramente para 1,850±0,219 mg/gm no dia 60th (Quadro 12). Quando se utilizou Cd, obtiveram-se resultados semelhantes aos anteriores. Mas neste caso, o teor total de pigmentos foi o mesmo para as concentrações de 200 e 400 mg após 45 dias, ou seja, 2,627±0,740 mg/gm (Quadro 13).

Quadro 11: Efeito do Zn no teor total de pigmentos (mg/gm) na planta *B. juncea*

Metal concentration (mg)	15 Days	30 Days	45 Days	60 Days	75 Days
Control	0.053 ± 0.015	0.061 ± 0.013	0.705 ± 0.219	0.144 ± 0.041	0.063 ± 0.016
100	0.096 ± 0.003	0.120 ± 0.001	2.240 ± 0.296	0.655 ± 0.176	0.056 ± 0.009
200	0.140 ± 0.0014	1.150 ± 0.261	3.420 ± 0.106	0.755 ± 0.035	0.090 ± 0.003
400	0.120 ± 0.032	1.570 ± 0.212	3.590 ± 0.417	1.130 ± 0.127	0.159 ± 0.025
600	0.043 ± 0.003	1.280 ± 0.028	1.860 ± 0.480	0.410 ± 0.084	0.109 ± 0.097
800	0.037 ± 0.019	0.117 ± 0.001	0.110 ± 0.029	0.061 ± 0.0007	0.033 ± 0.013

Quadro 12: Efeito do Pb no teor total de pigmentos (mg/gm) na planta *B. juncea*

Metal concentration (mg)	15 Days	30 Days	45 Days	60 Days	75 Days
Control	0.053 ± 0.015	0.061 ± 0.013	0.705 ± 0.219	0.144 ± 0.041	0.063 ± 0.016
100	0.054 ± 0.021	0.086 ± 0.028	0.935 ± 0.275	0.480 ± 0.155	0.098 ± 0.033
200	0.108 ± 0.017	0.880 ± 0.190	0.950 ± 0.410	0.560 ± 0.106	0.340 ± 0.110
400	0.113 ± 0.007	1.075 ± 0.077	1.930 ± 0.320	1.850 ± 0.219	0.750 ± 0.169
600	0.070 ± 0.010	0.860 ± 0.110	0.820 ± 0.010	0.650 ± 0.056	0.425 ± 0.106
800	0.032 ± 0.020	0.087 ± 0.040	0.130 ± 0.019	0.090 ± 0.001	0.019 ± 0.001

Quadro 13: Efeito do Cd no teor total de pigmentos (mg/gm) na planta *B. juncea*

Metal concentration (mg)	15 Days	30 Days	45 Days	60 Days	75 Days
Control	0.050 ± 0.015	0.061 ± 0.013	0.710 ± 0.219	0.140 ± 0.041	0.063 ± 0.016
100	0.122 ± 0.019	0.238 ± 0.016	0.850 ± 0.630	0.070 ± 0.025	0.330 ± 0.113
200	0.170 ± 0.054	1.550 ± 0.084	2.627 ± 0.740	0.433 ± 0.260	0.460 ± 0.028
400	0.514 ± 0.106	2.727 ± 0.042	2.620 ± 0.740	1.440 ± 0.860	0.670 ± 0.077
600	0.100 ± 0.001	1.310 ± 0.077	1.437 ± 0.400	1.010 ± 0.049	0.270 ± 0.013
800	0.050 ± 0.012	0.840 ± 0.021	0.450 ± 0.220	0.046 ± 0.002	0.050 ± 0.021

Após a análise morfológica, foram preparadas amostras das plantas de controlo e tratadas, como se mostra na Fig. 2. Os extractos foram submetidos a ensaios fisiológicos como o teor de hidratos de carbono, proteínas e prolina. Os resultados foram relatados abaixo:

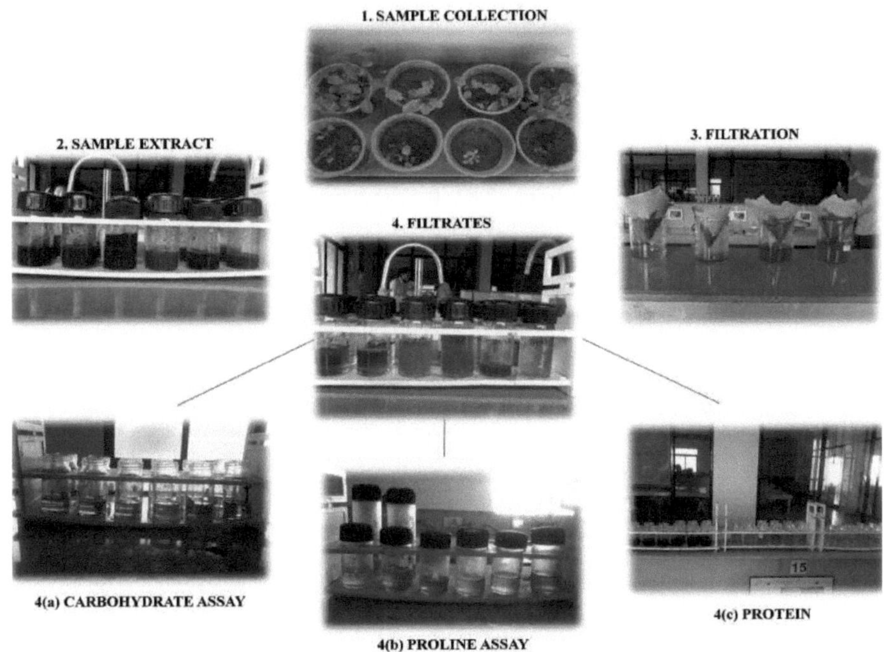

Fig. 2 Extração de amostras e ensaios bioquímicos

EXPERIMENTO 5: EFEITO DOS METAIS PESADOS NO CONTEÚDO DE CARBOIDRATOS EM PLANTAS *DE B. juncea*

Após o estudo dos pigmentos, observou-se o efeito destes metais no teor de hidratos de carbono. Nesta experiência, também se observou que a concentração de metal afectava o teor de hidratos de carbono. O teor de hidratos de carbono aumentou gradualmente com concentrações mais baixas de Zn (100-400 mg), mas diminuiu quando foram utilizadas concentrações mais elevadas (600 e 800 mg). O teor máximo de hidratos de carbono na folha (2,45±0,21 mg/gm) e na raiz (2,05±0,35 mg/gm) foi observado na concentração de 400 mg de Zn a 45th dia (Quadro 14a, b). Outro metal, o Pb, quando utilizado no solo para observar o seu efeito no teor de hidratos de carbono, obteve resultados quase semelhantes, ou seja, uma concentração mais baixa facilita a síntese de hidratos de carbono, enquanto uma concentração mais elevada afecta negativamente o teor. No entanto, nas plantas aplicadas com Pb, observou-se um maior teor de hidratos de carbono em comparação com as plantas aplicadas com Zn. O teor máximo de hidratos de carbono na folha foi de 3,65±0,35 mg/gm a 400 mg de concentração em 45th dia e na raiz foi de 1,95±0,28 mg/gm a 200 mg de concentração em 45th dia (Quadro 15a, b). Quando se aplicou Cd, a uma concentração mais baixa (100-400 mg), observou-se um aumento gradual do teor de hidratos de carbono, que diminuiu gradualmente quando a concentração foi aumentada (600 e 800 mg). Neste caso, o teor máximo de hidratos de carbono na folha (2,82±0,57 mg/gm) e na raiz (1,64±0,42 mg/gm) foi observado na concentração de 400 mg a 45th dia (Quadro 16a, b).

Quadro 14a: Efeito do Zn no teor de hidratos de carbono totais (mg/gm) na folha da planta *B. juncea*

Time	Control	100 mg	200 mg	400 mg	600 mg	800 mg
15 Days	1.34 ± 0.14	0.45 ± 0.42	0.85 ± 0.35	1.15 ± 0.64	0.85 ± 0.45	0.85 ± 0.64
30 Days	2.25 ± 0.21	0.95 ± 0.35	1.65 ± 0.35	1.81 ± 0.71	1.45 ± 0.49	1.47 ± 0.98
45 Days	2.55 ± 0.07	2.45 ± 0.49	2.50 ± 0.28	2.45 ± 0.21	2.11 ± 0.28	1.88 ± 0.71
60 Days	1.75 ± 0.20	1.75 ± 0.21	2.35 ± 0.64	2.74 ± 0.71	1.75 ± 0.64	1.85 ± 1.06
75 Days	1.25 ± 0.21	1.55 ± 0.49	0.95 ± 0.49	1.65 ± 0.35	1.23 ± 0.28	0.45 ± 0.42

Quadro 14b: Efeito do Zn no teor de hidratos de carbono totais (mg/gm) na raiz da planta *B. juncea*

Time	Control	100 mg	200 mg	400 mg	600 mg	800 mg
15 Days	0.65 ± 0.21	0.25 ± 0.21	0.83 ± 0.42	0.95 ± 0.45	0.65 ± 0.35	0.80 ± 0.71
30 Days	2.05 ± 0.35	1.05 ± 0.35	1.44 ± 0.71	1.35 ± 0.35	1.25 ± 0.78	1.30 ± 1.13
45 Days	2.25 ± 0.35	1.70 ± 0.85	1.92 ± 0.56	2.05 ± 0.35	1.65 ± 0.63	1.35 ± 0.78
60 Days	1.54 ± 0.14	0.85 ± 0.35	1.52 ± 0.84	1.74 ± 0.57	1.52 ± 0.99	1.35 ± 0.92
75 Days	0.44 ± 0.28	0.08 ± 0.04	0.04 ± 0.02	0.05 ± 0.05	0.03 ±0.02	0.05 ±0.05

Quadro 15a: Efeito do Pb no teor de hidratos de carbono totais (mg/gm) na folha da planta *B. juncea*

Time	Control	100 mg	200 mg	400 mg	600 mg	800 mg
15 Days	1.33 ± 0.14	0.75 ± 0.07	0.85 ± 0.07	1.24 ± 0.14	0.93 ± 0.28	0.65 ± 0.14
30 Days	2.25 ± 0.21	2.11 ± 0.28	2.10 ± 0.14	2.62 ± 0.28	1.84 ± 0.14	1.05 ± 0.21
45 Days	2.55 ± 0.07	2.65 ± 0.21	3.21 ± 0.14	3.65 ± 0.35	3.05 ± 0.56	1.55 ± 0.49
60 Days	1.75 ± 0.21	2.10 ± 0.28	3.05 ± 0.64	2.64 ± 0.42	2.25 ± 0.35	1.05 ± 0.21
75 Days	1.25 ± 0.21	1.55 ± 0.49	2.45 ± 0.49	2.65 ± 0.21	1.67 ± 0.14	0.75 ± 0.28

Tabela 15b: Efeito do Pb no teor de hidratos de carbono totais (mg/gm) na raiz da planta *B. juncea*

Time	Control	100 mg	200 mg	400 mg	600 mg	800 mg
15 Days	0.65 ± 0.21	0.75 ± 0.21	0.62 ± 0.04	1.05 ± 0.14	0.55 ± 0.07	0.32 ± 0.02
30 Days	2.05 ± 0.35	1.34 ± 0.14	1.15 ± 0.21	1.55 ± 0.07	0.95 ± 0.07	0.75 ± 0.07
45 Days	2.25 ± 0.35	1.35 ± 0.21	1.95 ± 0.28	1.77 ± 0.28	1.45 ± 0.35	0.71 ± 0.28
60 Days	1.52 ± 0.14	0.79 ± 0.08	1.82 ± 0.74	1.35 ± 0.07	0.95 ± 0.35	0.35 ± 0.35
75 Days	0.44 ± 0.28	0.48 ± 0.11	0.57 ± 0.42	1.40 ± 0.42	0.44 ± 0.28	0.15 ± 0.07

Tabela 16a: Efeito do Cd no teor de hidratos de carbono totais (mg/gm) na folha da planta *B. juncea*

Time	Control	100 mg	200 mg	400 mg	600 mg	800 mg
15 Days	1.37 ± 0.14	0.72 ± 0.28	0.75 ± 0.21	1.15 ± 0.63	0.93 ± 0.57	0.65 ± 0.35
30 Days	2.25 ± 0.21	1.10 ± 0.28	1.05 ± 0.21	1.31 ± 0.42	1.25 ± 0.78	0.35 ± 0.21
45 Days	2.55 ± 0.07	1.65 ± 0.21	2.61 ± 0.42	2.82 ± 0.57	1.65 ± 0.42	1.25 ± 0.49
60 Days	1.75 ± 0.21	1.35 ± 0.21	2.15 ± 0.49	2.35 ± 0.64	1.55 ± 0.57	1.35 ± 0.77
75 Days	1.25 ± 0.21	1.22 ± 0.42	1.51 ± 0.42	1.32 ± 0.28	1.23 ± 0.42	0.19 ± 0.15

Quadro 16b: Efeito do Cd no teor de hidratos de carbono totais (mg/gm) na raiz da planta *B. juncea*

Time	Control	100 mg	200 mg	400 mg	600 mg	800 mg
15 Days	0.65 ± 0.21	0.05 ± 0.02	0.77 ± 0.72	1.18 ± 1.13	0.12 ± 0.11	0.05 ± 0.06
30 Days	2.05 ± 0.35	0.71 ± 0.28	0.57 ± 0.28	1.25 ± 0.92	0.24 ± 0.22	0.28 ± 0.35
45 Days	2.25 ± 0.35	1.52 ± 0.56	1.05 ± 0.21	1.64 ± 0.42	1.05 ± 0.79	0.97 ± 0.42
60 Days	1.52 ± 0.14	1.20 ± 0.42	1.35 ± 0.77	1.52 ± 0.57	1.15 ± 1.06	1.05 ± 0.78
75 Days	0.44 ± 0.28	0.45 ± 0.14	1.35 ± 0.78	1.22 ± 0.42	0.65 ± 0.35	0.06 ± 0.02

EXPERIMENTAÇÃO 6: EFEITO DOS METAIS PESADOS NO TEOR DE PROTEÍNAS DAS PLANTAS *DE B. juncea*

Após a estimativa dos hidratos de carbono, a experiência seguinte consistiu em avaliar o efeito dos metais no teor de proteínas das plantas. Em diferentes concentrações de Zn (100-800 mg), até 60 dias, o teor de proteínas aumentou em todas as concentrações.

Mas, entre elas, observou-se um maior teor de proteínas nas concentrações de 100-400 mg em comparação com as concentrações mais elevadas (600 e 800 mg). O teor máximo de proteínas, ou seja, 1,26±0,06 mg/gm na folha e 1,02±0,11 mg/gm nas raízes, foi registado no dia 45th em plantas com aplicação de 400 mg de Zn (Quadro 17 a, b). Quando o Pb foi utilizado no estudo, foram obtidos resultados semelhantes.

Em concentrações mais baixas de Pb (100-400 mg), o teor de proteína aumentou com o aumento da concentração de Pb. Mas em concentrações mais elevadas, com o aumento do período de tempo, o teor de proteínas diminuiu gradualmente.

O conteúdo máximo de proteína na folha (1,26±0,09 mg/gm) e na raiz (0,81±0,02 mg/gm) foi observado no dia 45th em plantas com fortificação de 400 mg de Pb (Tabela 18a, b).

No caso do Cd, foram obtidos resultados semelhantes e, também neste caso, o teor máximo de proteínas na folha e na raiz foi observado na concentração de 400 mg no dia 45th , que foi de 1,34±0,07 mg/gm e 1,20±0,32 mg/gm, respetivamente (Quadro 19 a, b).

Quadro 17a: Efeito do Zn no teor de proteínas totais (mg/gm) na folha da planta *B. juncea*

Time	Control	100 mg	200 mg	400 mg	600 mg	800 mg
15 Days	0.48 ± 0.11	0.65 ± 0.06	0.67 ± 0.07	0.86 ± 0.04	0.66 ± 0.04	0.51 ± 0.07
30 Days	0.73 ± 0.09	0.71 ± 0.06	0.73 ± 0.12	1.03 ± 0.07	0.73 ± 0.02	0.55 ± 0.04
45 Days	0.96 ± 0.04	0.89 ± 0.13	0.99 ± 0.10	1.26 ± 0.06	0.95 ± 0.04	0.64 ± 0.01
60 Days	0.55 ± 0.04	0.75 ± 0.05	0.89 ± 0.04	1.09 ± 0.02	0.77 ± 0.08	0.53 ± 0.07
75 Days	0.38 ± 0.09	0.51 ± 0.11	0.63 ± 0.09	0.58 ± 0.14	0.44 ± 0.12	0.39 ± 0.14

Quadro 17b: Efeito do Zn no teor de proteínas totais (mg/gm) na raiz da planta *B. juncea*

Time	Control	100 mg	200 mg	400 mg	600 mg	800 mg
15 Days	0.09 ± 0.04	0.07 ± 0.02	0.41 ± 0.02	0.45 ± 0.05	0.24 ± 0.11	0.21 ± 0.03
30 Days	0.36 ± 0.02	0.55 ± 0.07	0.47 ± 0.07	0.74 ± 0.06	0.25 ± 0.07	0.29 ± 0.04
45 Days	0.52 ± 0.04	0.71 ± 0.04	0.73 ± 0.06	1.02 ± 0.11	0.65 ± 0.05	0.38 ± 0.10
60 Days	0.29 ± 0.03	0.35 ± 0.06	0.68 ± 0.04	0.91 ± 0.11	0.57 ± 0.03	0.33 ± 0.11
75 Days	0.21 ± 0.03	0.33 ± 0.07	0.29 ± 0.01	0.44 ± 0.12	0.21 ± 0.03	0.11 ± 0.01

Quadro 18a: Efeito do Pb no teor de proteínas totais (mg/gm) em folhas de *B. juncea*

Time	Control	100 mg	200 mg	400 mg	600 mg	800 mg
15 Days	0.48 ± 0.11	0.77 ± 0.06	0.67 ± 0.09	0.87 ± 0.05	0.77 ± 0.06	0.24 ± 0.03
30 Days	0.73 ± 0.09	0.84 ± 0.07	0.86 ± 0.05	1.16 ± 0.09	0.91 ± 0.12	0.32 ± 0.42
45 Days	0.96 ± 0.04	1.14 ± 0.14	1.24 ± 0.06	1.26 ± 0.09	1.13 ± 0.17	0.39 ± 0.07
60 Days	0.55 ± 0.04	0.89 ± 0.02	0.85 ± 0.09	1.24 ± 0.23	0.67 ± 0.08	0.31 ± 0.02
75 Days	0.38 ± 0.09	0.58 ± 0.08	0.67 ± 0.05	0.89 ± 0.09	0.03 ± 0.02	0.11 ± 0.15

Tabela 18b: Efeito do Pb no teor de proteínas totais (mg/gm) na raiz da planta *B. juncea*

Time	Control	100 mg	200 mg	400 mg	600 mg	800 mg
15 Days	0.09 ± 0.04	0.75 ± 0.02	0.37 ± 0.07	0.58 ± 0.06	0.25 ± 0.05	0.07 ± 0.02
30 Days	0.36 ± 0.02	0.71 ± 0.11	0.53 ± 0.04	0.72 ± 0.08	0.51 ± 0.12	0.05 ± 0.05
45 Days	0.52 ± 0.04	0.78 ± 0.09	0.59 ± 0.09	0.81 ± 0.02	0.58 ± 0.06	0.15 ± 0.07
60 Days	0.29 ± 0.03	0.55 ± 0.05	0.39 ± 0.04	0.69 ± 0.09	0.44 ± 0.09	0.05 ± 0.02
75 Days	0.21 ± 0.03	0.37 ± 0.08	0.43 ± 0.07	0.65 ± 0.21	0.24 ± 0.06	0.01 ± 0.01

Quadro 19a: Efeito do Cd no teor de proteínas totais (mg/gm) na folha da planta *B. juncea*

Time	Control	100 mg	200 mg	400 mg	600 mg	800 mg
15 Days	0.48 ± 0.11	0.82 ± 0.14	0.94 ± 0.07	1.16 ± 0.09	0.91 ± 0.11	0.49 ± 0.09
30 Days	0.73 ± 0.09	0.72 ± 0.08	0.82 ± 0.05	1.23 ± 0.13	1.03 ± 0.07	0.54 ± 0.07
45 Days	0.96 ± 0.04	1.34 ± 0.16	1.18 ± 0.05	1.34 ± 0.07	1.13 ± 0.15	0.71 ± 0.02
60 Days	0.55 ± 0.04	0.93 ± 0.15	1.01 ± 0.04	1.16 ± 0.13	0.87 ± 0.08	0.32 ± 0.11
75 Days	0.38 ± 0.09	0.65 ± 0.09	0.71 ± 0.09	0.89 ± 0.03	0.68 ± 0.23	0.16 ± 0.07

Tabela 19b: Efeito do Cd no teor de proteínas totais (mg/gm) na raiz da planta *B. juncea*

Time	Control	100 mg	200 mg	400 mg	600 mg	800 mg
15 Days	0.09 ± 0.04	0.61 ± 0.07	0.88 ± 0.08	1.00 ± 0.07	0.49 ± 0.09	0.22 ± 0.04
30 Days	0.36 ± 0.02	0.56 ± 0.14	0.67 ± 0.26	0.75 ± 0.13	0.58 ± 0.09	0.34 ± 0.07
45 Days	0.52 ± 0.04	0.56 ± 0.05	0.89 ± 0.28	1.20 ± 0.32	0.74 ± 0.11	0.39 ± 0.04
60 Days	0.29 ± 0.03	0.51 ± 0.14	0.61 ± 0.12	0.55 ± 0.08	0.47 ± 0.08	0.17 ± 0.06
75 Days	0.21 ± 0.03	0.42 ± 0.11	0.43 ± 0.08	0.37 ± 0.07	0.37 ± 0.06	0.06 ± 0.05

EXPERIMENTO 7: EFEITO DOS METAIS PESADOS NO CONTEÚDO DE PROLINA EM PLANTAS *DE B. juncea* .

Depois das proteínas, outro aminoácido importante que foi estimado após o tratamento com metais pesados foi a prolina. Quando foram aplicadas concentrações mais baixas de Zn (100 e 200 mg), observou-se uma variação no teor de prolina. Um aumento adicional da concentração de Zn para 400 mg facilitou o crescimento das plântulas, mas quando as concentrações foram aumentadas para 600 e 800 mg, afectou negativamente o crescimento. Em todas as concentrações aplicadas, o conteúdo de prolina na folha e na raiz aumentou até 45th dia e depois diminuiu em 60th e 75th dia. A concentração máxima de prolina na folha, ou seja, 12,39±0,83 mg/gm, e na raiz, 8,97±0,42 mg/gm, foi observada em plantas cultivadas em solo com 400 mg de Zn aos 45th dias (Tabela 20a, b). Depois do Zn, foi observado o efeito do Pb e, em concentrações mais baixas (100 a 400 mg), o crescimento aumentou, mas concentrações mais altas (600 e 800 mg) mostraram um efeito prejudicial. Neste metal, o teor máximo de prolina foi observado na concentração de 200 mg para folhas e raízes (12,22±1,01 mg/gm e 7,20±0,14 mg/gm, respetivamente) no dia 45th (Tabela 21a, b). O terceiro metal Cd, quando aplicado em concentrações mais baixas (100 e 200 mg) e mais altas (600 e 800 mg), não facilitou o crescimento. Também em todas as concentrações de Cd, 15-45 dias facilitaram a síntese de prolina, mas um aumento adicional no período de tempo de cerca de 75 dias afectou negativamente a síntese. O teor máximo de prolina foi observado na concentração de 400 mg no dia 45th para a folha (11,83±0,21 mg/gm) e a raiz (6,51±0,42 mg/gm) (Tabela 22a, b).

Quadro 20a: Efeito do metal Zn no teor de prolina total (mg/gm) na folha da planta *B. juncea*

Time	Control	100 mg	200 mg	400 mg	600 mg	800 mg
15 Days	2.50 ± 0.12	3.55 ± 0.35	3.82 ± 0.12	4.29 ± 0.13	2.71 ± 0.15	2.11 ± 0.11
30 Days	2.58 ± 0.28	6.00 ± 0.56	6.06 ± 0.25	8.44 ± 0.20	3.04 ± 0.21	3.15 ± 0.35
45 Days	9.88 ± 0.11	10.25 ± 0.09	10.65 ± 0.11	12.39 ± 0.83	8.76 ± 0.94	2.91 ± 0.84
60 Days	9.63 ± 0.18	9.76 ± 0.09	10.06 ± 0.22	10.61 ± 0.42	8.10 ± 0.42	1.87 ± 0.09
75 Days	8.68 ± 0.40	9.54 ± 0.06	9.65 ± 0.09	10.29 ± 0.55	6.97 ± 0.46	1.44 ± 0.21

Quadro 20b: Efeito do metal Zn no teor total de prolina (mg/gm) na raiz da planta *B. juncea*

Time	Control	100 mg	200 mg	400 mg	600 mg	800 mg
15 Days	1.54 ± 0.08	1.86 ± 0.08	2.16 ± 0.09	2.68 ± 0.14	1.71 ± 0.10	1.11 ± 0.11
30 Days	1.95 ± 0.07	2.60 ± 0.12	2.54 ±0.08	3.67 ± 0.24	1.98 ± 0.07	1.66 ± 0.17
45 Days	4.55 ± 0.35	5.65 ± 0.35	7.02 ± 0.31	8.97 ± 0.42	4.02 ± 1.10	2.21 ± 0.42
60 Days	2.95 ± 0.35	4.49 ± 0.13	4.85 ± 0.07	8.04 ± 0.14	3.36 ± 0.23	1.45 ± 0.35
75 Days	2.72 ± 0.11	3.84 ± 0.08	4.15 ± 0.10	7.75 ± 0.35	2.63 ± 0.28	1.35 ± 0.49

Quadro 21a: Efeito do Pb no teor de prolina total (mg/gm) na folha da planta *B. juncea*

Time	Control	100 mg	200 mg	400 mg	600 mg	800 mg
15 Days	2.50 ± 0.12	3.25 ± 0.21	3.81 ± 0.25	3.80 ± 0.06	2.34 ± 0.08	1.76 ± 0.14
30 Days	2.58 ± 0.28	6.85 ± 2.05	5.85 ± 0.06	8.57 ± 0.52	2.49 ± 0.09	2.15 ± 0.11
45 Days	9.88 ± 0.11	10.17 ± 0.06	10.43 ± 0.13	12.22 ± 1.01	8.40 ± 0.13	2.59 ± 0.09
60 Days	9.63 ± 0.18	9.70 ± 0.17	9.87 ± 0.04	10.41 ± 0.30	8.01 ± 0.26	1.58 ± 1.58
75 Days	8.68 ± 0.40	9.30 ± 0.14	9.41 ± 0.15	9.95 ± 0.21	7.81 ± 0.56	1.20 ± 0.26

Quadro 21b: Efeito do Pb no teor de prolina total (mg/gm) na raiz da planta *B. juncea*

Time	Control	100 mg	200 mg	400 mg	600 mg	800 mg
15 Days	1.54 ± 0.08	1.87 ± 0.09	1.90 ± 0.12	2.31 ± 0.12	1.46 ± 0.09	1.05 ± 0.19
30 Days	1.95 ± 0.07	2.52 ± 0.13	2.79 ± 0.27	3.50 ± 0.42	1.55 ± 0.06	1.29 ± 0.12
45 Days	4.55 ± 0.35	6.30 ± 0.24	6.90 ± 0.13	7.20 ± 0.14	3.95 ± 0.21	2.15 ± 0.29
60 Days	2.95 ± 0.35	4.31 ± 0.24	4.69 ± 0.13	5.05 ± 0.28	2.87 ± 0.18	1.42 ± 0.12
75 Days	2.72 ± 0.11	3.74 ± 0.13	4.25 ± 0.07	4.54 ± 0.19	2.56 ± 0.33	1.12 ± 0.09

Tabela 22a: Efeito do Cd no teor de prolina total (mg/gm) na folha da planta *B. juncea*

Time	Control	100 mg	200 mg	400 mg	600 mg	800 mg
15 Days	2.50 ± 0.12	2.80 ± 0.11	2.87 ± 0.09	3.14 ± 0.26	1.95 ± 0.21	1.47 ± 0.04
30 Days	2.58 ± 0.28	4.72 ± 0.12	5.07 ± 0.38	7.83 ± 0.64	2.37 ± 0.09	1.94 ± 0.07
45 Days	9.88 ± 0.11	9.57 ± 0.29	9.81 ± 0.23	11.83 ± 0.21	7.89 ± 0.13	2.34 ± 0.08
60 Days	9.63 ± 0.18	8.42 ± 0.45	8.67 ± 0.38	9.94 ± 0.22	7.69 ± 0.57	1.28 ± 0.11
75 Days	8.68 ± 0.40	7.84 ± 0.22	7.83 ± 0.24	9.08 ± 0.28	7.29 ± 0.13	0.99 ± 0.007

Tabela 22b: Efeito do Cd no teor de prolina total (mg/gm) na raiz da planta *B. juncea*

Time	Control	100 mg	200 mg	400 mg	600 mg	800 mg
15 Days	1.54 ± 0.08	1.28 ± 0.11	1.63 ± 0.15	2.01 ± 0.12	1.31 ± 0.16	0.87 ± 0.11
30 Days	1.95 ± 0.07	2.04 ± 0.34	1.98 ± 0.16	3.10 ± 0.42	1.46 ± 0.08	1.15 ± 0.16
45 Days	4.55 ± 0.35	5.44 ± 0.33	5.62 ± 0.36	6.51 ± 0.42	3.70 ± 0.28	1.66 ± 0.09
60 Days	2.95 ± 0.35	3.64 ± 0.19	3.99 ± 0.29	4.35 ± 0.21	2.32 ± 0.25	1.26 ± 0.09
75 Days	2.72 ± 0.11	2.62 ± 0.31	3.58 ± 0.39	3.65 ± 0.21	1.95 ± 0.07	0.91 ± 0.13

EXPERIMENTAÇÃO 8: ANÁLISE FITOQUÍMICA PRELIMINAR DAS SEMENTES *DE B. juncea*

Nesta experiência, o óleo foi extraído da mostarda tratada e foi avaliado para análise fitoquímica preliminar, mantendo o óleo de sementes de mostarda selvagem como controlo. Em seguida, foram utilizados dois sistemas diferentes, que são habitualmente utilizados para a extração, isto é, o método de hidrólise e o método de Soxhlet, para verificar a sua eficiência na recuperação do óleo das sementes. Por último, os óleos extraídos através de ambos os métodos foram verificados qualitativamente utilizando TLC.

Na análise fitoquímica, a extração de óleo de semente de mostarda (tratado) dá resultados positivos para diferentes testes, como taninos, flavonóides, saponinas, esteróides e alcalóides. Enquanto que o óleo de sementes de mostarda (selvagem) dá resultados positivos em testes como flavonóides, esteróides e alcalóides (Quadro 23). Isto mostra que o óleo de sementes tratadas tem mais metabolitos do que o óleo de sementes selvagens.

Quadro 23: Análise fitoquímica qualitativa do óleo de mostarda

Bioactive compound	**Mustard seed oil (treated)**	**Mustard seed oil (wild)**
Proteins	-	-
Carbohydrates	-	-
Tenins/Phenol	+	-
Flavonoids	++	++
Saponins	++	-
Steroids	++	++
Terpenoids	-	-
Alkaloids	+	++

Na experiência de extração de óleo, como se mostra na Fig. 3 (a e b), foram utilizados dois métodos diferentes e, a partir dos resultados, observou-se que o método soxhlet é melhor (43,48% de recuperação) em comparação com o método de hidrólise para extração de óleo (23% de recuperação) (Tabela 24).

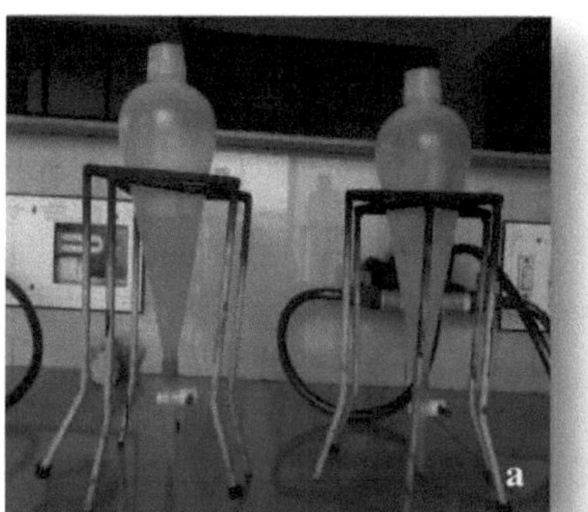

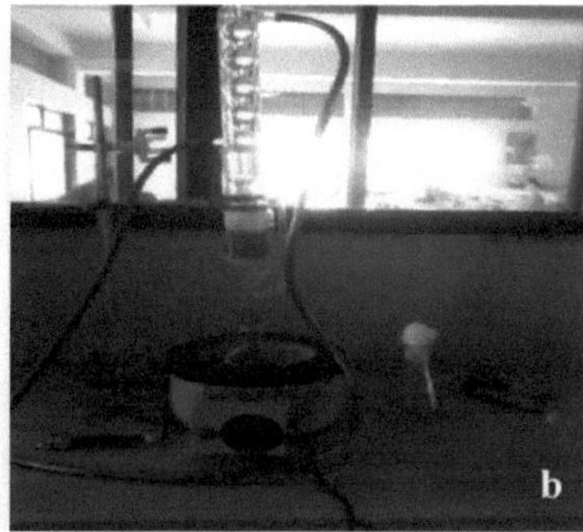

Fig. 3: Extração de óleo de mostarda por (a) Método de hidrólise e b) Método de Soxhlet

Quadro 24: Extração de óleo de diferentes amostras e por diferentes métodos

Sample and method	Amount (gm)	Oil (gm)	Oil (%)
Mustard seed- Wild (Hydrolysis)	3	0.69	23%
Mustard seed- Treated (Hydrolysis)	3	0.63	21%
Mustard seed- Wild (Soxhlet)	3	2.17	43.48%
Mustard seed- Treated (Soxhlet)	3	1.76	35.25%

No entanto, as sementes tratadas contêm mais grupos de metabolitos secundários em comparação com as sementes selvagens (Quadro 23). Quando o óleo foi extraído de sementes selvagens e tratadas, observou-se que o teor de óleo diminuiu nas sementes tratadas (Quadro 24).

Assim, a partir desta experiência, pode concluir-se que o valor nutricional aumentou nas sementes tratadas, mas o teor de óleo diminuiu.

Por fim, a TLC dos óleos extraídos através dos dois métodos foi efectuada e deixada a correr na fase móvel (Fig. 4 a-d). Após a conclusão da corrida, os valores de Rf foram calculados de acordo com a fórmula apresentada nos materiais e métodos e observou-se quase o mesmo Rf para os óleos extraídos de ambos os métodos (Tabela 25).

Quadro 25: Cromatografia em camada fina do óleo de mostarda

Sample (Extraction method)	Rf value
Mustard seed- wild (Soxhlet)	0.78
Mustard seed- treated (Soxhlet)	0.86
Mustard seed- wild (Hydrolysis)	0.75
Mustard seed-treated (Hydrolysis)	0.76

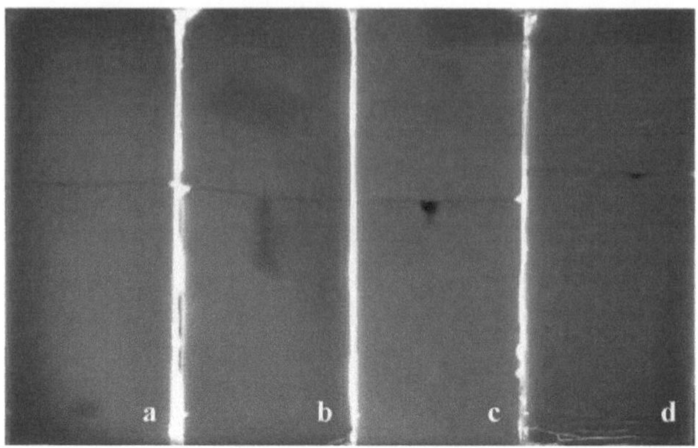

Fig. 4: Placas de TLC de óleo de mostarda: (a) selvagem (Soxhlet), (b) Tratada (Soxhlet), (c) selvagem (hidrólise) e (d) Tratados (hidrólise)

5. DISCUSSÃO

No presente trabalho, foi avaliado o efeito de três metais pesados (Zn, Pb, Cd) no crescimento de plântulas *de B. juncea*. Na primeira experiência, estes metais foram administrados às plântulas em diferentes concentrações (100-800 mg) e os seus efeitos foram registados em intervalos de tempo de 15 dias, até 75 dias. As observações revelaram que houve um aumento significativo no crescimento das plântulas de mostarda nas plântulas fortificadas com Zn, o que pode ser devido à utilização de zinco em quantidades vestigiais. Em todos os três metais, observou-se que a concentração mais baixa destes metais (200 e 400 mg) melhorou o sistema radicular das plântulas, o que as ajudou a absorver melhor a água e outros nutrientes dissolvidos no solo e, consequentemente, melhorou o crescimento de diferentes órgãos e de toda a planta (Reichman, 2002). Do mesmo modo, Breckle (1991) também registou alguns exemplos de aumento da biomassa das plantas devido a baixas concentrações de metais. No entanto, quando foram utilizadas concentrações elevadas (600 e 800 mg) destes metais, o comprimento dos rebentos e das raízes das plântulas foi afetado negativamente. Este facto pode dever-se aos diferentes efeitos destes metais nas plantas. Por exemplo, quando se utilizou uma concentração elevada de Zn, este inibiu o crescimento da raiz e observou-se um efeito prejudicial nas plântulas. A razão pode ser devida à acumulação e compartimentação de Zn nos vacúolos das células da raiz e, por sua vez, limita o transporte de metais pesados para os rebentos. Arduini et al. (1996) referiram que o Cd afectava as plantas, o que pode ser observado pelo crescimento atrofiado e pela clorose das folhas, alterando também a atividade de muitas enzimas-chave de diferentes vias metabólicas. A redução do crescimento das plantas durante o stress deve-se a um baixo potencial hídrico, a uma absorção prejudicada de nutrientes e ao stress oxidativo. Eun et al. (2000) referiram que o Pb pode perturbar a organização dos microtúbulos nas células meristemáticas. No presente estudo, o peso fresco de *B. juncea* foi afetado por diferentes concentrações de Cd e Pb, o que pode dever-se ao facto de os metais pesados afectarem o crescimento da raiz em comparação com o rebento, o que leva a uma maior redução do seu comprimento e peso fresco (Elloumi et al., 2007). A redução do crescimento *da B. juncea* pode também dever-se à supressão da taxa de crescimento de alongamento das células, uma vez que se sabe que o Cd exerce uma inibição irreversível na bomba de protões, que é responsável por este processo (Aidid e Okamote, 1993). Seyyedi (1999) relatou o crescimento retardado de rebentos na presença da raiz com excesso de Pb nesse ambiente.

Após a observação do efeito dos metais na morfologia dos rebentos e das raízes, o seu efeito na área foliar foi também observado noutro conjunto de experiências. As observações revelaram que a área foliar total da mostarda variou em diferentes concentrações de Zn e aumentou gradualmente no nível de 100-400 mg de Zn no solo. Mas observou-se um declínio gradual na área foliar de todas as plantas quando houve um aumento adicional do nível de zinco no solo (600 e 800 mg). Um aumento na área foliar total sob baixo nível de Zn pode ser devido ao envolvimento ativo deste elemento na síntese de clorofila, divisão celular, atividade meristemática do tecido e expansão das células (Martin, 1966). Uma diminuição da área foliar em concentrações mais elevadas de Zn pode ser atribuída a uma redução do tamanho das células (Meiri, 1967) ou do número de células (Nieman, 1996). Outra razão pode ser o efeito inibitório dos metais na atividade mitótica ou devido a anomalias citológicas, actividades mutagénicas e degradação do ADN (Rohr e Baughinger, 1976). Quando o Cd foi aplicado, observou-se uma diminuição da área foliar, da massa fresca e seca, bem como do comprimento da raiz e do rebento. Isto pode ser devido a relatórios anteriores sobre o efeito adverso do Cd nas plantas. O Cd induziu a restrição da absorção de água e prejudicou a extensibilidade da parede mediada pelo turgor (Marchiol et al., 1996). Marshner (2012) relatou que o Cd induziu um stress mineral que reduz o peso seco da planta e também diminuiu a divisão celular.

Na terceira experiência, foram observados os pigmentos fotossintéticos como a clorofila a, b e o teor total de clorofila da mostarda. As observações revelaram que a concentração de 100-400 mg de Zn no solo aumentou o teor de clorofila, devido ao facto de o Zn a baixo nível atuar como componente estrutural e catalítico de proteínas, enzimas e como cofator para o desenvolvimento normal da biossíntese da clorofila. Níveis excessivos de Zn (600-800 mg) tornam-se tóxicos para as plântulas e observou-se uma diminuição dos pigmentos fotossintéticos. Isto pode ser devido ao facto de o fornecimento excessivo de Zn interferir com a biossíntese de clorofila, uma vez que a síntese de pigmentos fotossintéticos depende do fornecimento adequado de ferro (Brown, 1956). O fornecimento excessivo de Zn pode induzir uma deficiência fisiológica de ferro e Mg e diminui a biossíntese de clorofila (Siedlecka e Krupa, 1999). Foram realizadas várias experiências para revelar o(s) local(is) de ação do metal no processo de biossíntese da clorofila, mas o mecanismo de ação ainda não é totalmente compreendido. Acredita-se que o declínio do teor de clorofila em plantas expostas ao stress de Cd e Pb se deve (a) à inibição de enzimas importantes, como a 8-aminolevulinic acid dehydratase (ALA-dehydratase) (Padmaja et al., 1990) e a protoclorofilida redutase (Van Assche e Clijsters, 1990) associada à biossíntese da clorofila; (b) à diminuição do fornecimento de Mg^{+2}, Fe^{+2} e Zn^{+2}.

Ozdemir et al. (2004) referiram que o 28-HBL protegia *a Oryza sativa* da toxicidade do cádmio, aumentando as actividades da redutase do nitrato e da anidrase carbónica e aumentando também o crescimento da planta, o teor de leghemoglobina, o número de nódulos, o teor de azoto e hidratos de carbono nos nódulos e o teor de clorofila, que diminuíam proporcionalmente com o aumento das concentrações de cádmio. Por último, foi avaliado o efeito dos metais no teor de proteínas solúveis e observou-se que o teor de proteínas diminuiu com concentrações mais elevadas de metais. Os nossos resultados estão em consonância com as conclusões anteriores de Singh e Sinha (2005) sobre a *B. juncea,* que registaram uma diminuição do teor de proteínas solúveis quando esta foi cultivada em várias alterações de resíduos de curtumes contendo metais pesados. A diminuição do teor de proteínas em concentrações mais elevadas de Cd e Pb em *B. juncea* pode dever-se a um maior processo de degradação das proteínas em resultado do aumento da atividade das proteases, que aumentou em condições de stress (Palma et al., 2002). Também é possível que estes metais pesados tenham induzido a peroxidação lipídica e a fragmentação das proteínas devido aos efeitos tóxicos das espécies reactivas de oxigénio, o que levou à redução do teor de proteínas. Quando as plantas estão sob stress, observou-se que outro metabolito, a prolina, se acumula em condições de stress ambiental (Ahmad e Jhon, 2005; Ahmad et al., 2006; 2008). Foi sugerido que a acumulação de prolina pode contribuir para o ajustamento osmótico a nível celular e para a proteção das enzimas, estabilizando a estrutura das macromoléculas e dos organelos. O aumento do teor de prolina pode dever-se à síntese de novo ou à degradação, ou a ambas (Kasai et al., 1998). Foi comunicada a acumulação de prolina em rebentos de *B. juncea, Triticum aestivum* e *Vigna radiata* em resposta à toxicidade do Cd (Dhir et al., 2004), mas verificaram que a acumulação de prolina diminuía com a exposição ao Cd^{+2} em hidrófitas *(Ceratophyllum, Wolffia* e *Hydrilla).*

6. CONCLUSÕES

No presente estudo experimental, foi utilizada mostarda indiana *(Brassica juncea)* e foram aplicados diferentes metais (Zn, Pb e Cd) em diferentes concentrações (100800 mg), tendo sido observados os seus efeitos nas plantas. As conclusões do estudo são as seguintes:

> Nas experiências morfológicas, os comprimentos dos rebentos e das raízes foram medidos com um intervalo de 15 dias até 75 dias e o comprimento ótimo foi observado na planta com uma concentração de 400 mg de Zn no dia 45th.

> O alargamento máximo das folhas foi observado em plantas com aplicação de 400 mg de Cd após 45 dias.

> A síntese de clorofila a e b foi máxima em diferentes concentrações de Zn (400 mg e 200 mg, respetivamente), mas após 45 dias para ambos.

> Da mesma forma, o pigmento total foi calculado para o mesmo e o Zn a 400 mg de concentração em 45th dia sintetizou o máximo de pigmentos.

> Pb a 400 mg quando aplicado a plantas em crescimento, ajudou na síntese de hidratos de carbono máximos na folha em 45th dias, enquanto o conteúdo de hidratos de carbono na raiz foi máximo quando tratado com Zn durante 45 dias a uma concentração de 400 mg.

> Quando se efectuou a quantificação de proteínas das plantas, observou-se que o Cd foi benéfico para a síntese de proteínas na folha quando aplicado a uma concentração de 400 mg em 45th dia, enquanto que nas raízes o teor máximo de proteínas foi em 15th dia.

> Assim como a proteína, o conteúdo de prolina também foi quantificado e a prolina máxima na folha e na raiz foi observada em plantas aplicadas com 400 mg de Zn em 45th dia.

> Quando os óleos de sementes selvagens e tratadas foram verificados através de análises fitoquímicas preliminares, o óleo de sementes tratadas contém muitos compostos importantes, tais como alcalóides, saponinas, taninos/fenóis, flavonóides e esteróides, em comparação com o óleo selvagem.

> Entre os dois métodos diferentes utilizados para a extração, o método soxhlet foi melhor do que o método de hidrólise para a extração de óleo. E o TLC de todas as amostras revelou a presença de óleo quase no mesmo Rf.

7. REFERÊNCIAS

1) Ahmad P e Jhon R (2005) Efeito do stress salino no crescimento e nos parâmetros bioquímicos de *Pisum sativum* L. *Arch. Agro. Soil Sci.,* 51: 665-672.

2) Ahmad P, Jhon R, Sarwat M e Umar S (2008) Responses of proline, lipid peroxidation and antioxidative enzymes in two varieties of *Pisum sativum* L. under salt stress. *Int. J. Plant Prod.,* 2: 353-366.

3) Ahmad P, Sharma S e Srivastava PS (2006) Differential physio-biochemical responses of high yielding varieties of Mulberry *(Morus alba)* under alkalinity (Na_2 CO_3) stress in vitro. *Physiol. Mol. Biol. Plantas,* 12: 59-66.

4) Aidid SB and Okamoto H (1993) Responses of elongation growth rate, turgor pressure and cell wall extensibility of stem cells of *Impatiens balsamina* to lead, cadmium and zinc. *Biometals*, 6: 245-249.

5) Anderson CWN, Brooks RR, Stewart RB e Simcock R (1998) Harvesting a crop of gold in plants. Nature 395: 553-554.

6) Arduini I, Godbold DL e Onnis A (1996) Cadmium and copper uptake and distribution in Mediterranean tree seedlings. *Physiol. Plant*, 97: 111-117.

7) Arnon DI (1949) Enzimas de cobre em cloroplastos isolados. Polifenol oxidase em *Beta vulgaris. Plant Physiol,* 24: 1-15.

8) Banuelos GS, Mead RR e Hoffman GJ (1993) Acumulação de selénio em mostarda selvagem irrigada com efluentes agrícolas. *Agric. Ecosystems Environ.,* 43: 119-126.

9) Barthet VJ, Chornick T e Daun JK (2002) Comparação dos métodos de medição do teor de óleo das sementes oleaginosas. *J. Oleo. Sci.,* 51(9): 589-597.

10) Bates LS, Waldren RP e Teare ID (1973) Rapid determination of free proline for water-stress studies. *Plant Soil*, 39(1): 205-207.

11) Bradford MM (1976) Um método rápido e sensível para a quantificação de quantidades de microgramas de proteínas utilizando os corantes de ligação às proteínas. *Ann. Biochem.,* 72(1-2): 248-254.

12) Breckle CW (1991) Growth under heavy metals. In: *Plant roots: the hidden half* (Waisel Y, Eshel A e Kafkafi U, eds.), Nova Iorque, pp 351-373.

13) Brown JC (1956) Iron chlorosis. *Ann. Rev. Plant Physiol,* 7: 171-190

14) Das R, Bhattacherjee C e Ghosh S (2009) Preparação do isolado proteico de mostarda *(Brassica juncea* L.) e recuperação de compostos fenólicos por ultrafiltração. *Ind. Eng. Chem. Res.*, 48: 4939-4947.

15) Dhir B, Sharmila P e Saradhi PP (2004) As hidrófitas não têm potencial para apresentar um aumento da peroxidação lipídica e da acumulação de prolina induzido pelo stress de cádmio. *Aquat. Toxicol.*, 66(2): 141-147.

16) Di Toppi SL e Gabrielli R (1999) Response to cadmium in higher plants. *Environ. Exp. Bot.*, 41: 105-130.

17) Duhoon SS e Koppar M N (1998) Distribution, collection and conservation of biodiversity in cruciferous oilseeds in India (Distribuição, recolha e conservação da biodiversidade de sementes oleaginosas crucíferas na Índia). *Genet. Resour Crop Evol.*, 45: 317323.

18) Dutta S, Bhattacharya BK, Rajak DR, Chattopadhyay C, Dadhwal VK e Patel NK (2008) Modelação da distribuição espacial a nível regional do crescimento do afídeo (*Lipaphis erysimi*) na mostarda indiana utilizando dados de teledeteção por satélite. *Int. J. Pest Manag.*, 54: 51-62.

19) Ebbs SD e Kochian LV (1997) Toxicidade do zinco e do cobre em espécies *de Brassica*: Implicações para a fitorremediação. *J. Environ. Qual.*, 26(3): 776-781.

20) Elloumi N, Ben F, Rhouma A, Ben B, Mezghani I e Boukhris M (2007) Inibição do crescimento induzida pelo cádmio e alteração dos parâmetros bioquímicos em plântulas de amêndoa cultivadas em cultura em solução. *Ata Physiol. Plant.*, 29: 57-62.

21) Eun SO, Youn HS e Lee Y (2000) O chumbo perturba a organização dos microtúbulos no meristema radicular de *Zea mays. Physiol. Plant.*, 103: 695-702.

22) Everitt JH, Lonard RL e Little CR (2007) Weeds in south Texas and northern Mexico. Lubbock: Texas Tech University Press.

23) Farrell KT (1999) Spices, condiments and seasonings (Especiarias, condimentos e temperos). 2nd ed. Gaithersburg, EUA.

24) Grubben JH e Denton OA (2004) Plant resources of tropical Africa 2- Vegetables, Wageningen, Países Baixos: Fundação PROTA.

25) Gupta M, Sharma P, Sarin NB e Sinha AK (2009) Differential response of arsenic stress in two varieties of *Brassica juncea* L. *Chemosphere,* 74: 12011208.

26) Hemingway JS (1995) The mustard species: condiment and food ingredient use and potential as oilseed crops. In: *Brassica Oil seeds Production and Utilization.* CAB International, Wallingford, pp 373-383.

27) Hill CB, Williams PH, Carlson DG e Tookey HL (1987) Variation in glucosinolates in oriental Brassica vegetables. *J. Am. Soc. Hort. Sci.,* 112: 309313.

28) Jung HA, Woo JJ, Jung MJ, Hwang GS e Choi JS (2009) Kaempferol uma atualização sobre os glicosídeos de *Brassica juncea* com atividade antioxidante de *Brassica juncea. Arch. Pharmacal. Res.,* 32: 1379-1384.

29) Kanwar MK, Poonam e Bhardwaj R (2015) Modulação induzida pelo arsénio do sistema de defesa antioxidante e dos brassinosteróides em *Brassica juncea* L. *Ecotoxico. Environ. Safety,* 115: 119- 125.

30) Kasai Y, Kato M, Aoyama J and Hyodo H (1998) Ethylene production and increase in 1-aminocyclopropane-1-carboxylate oxidase activity during senescence of broccoli florets. *Ata Hort.,* 464: 153-157.

31)Kimber DS e McGregor DI (1995) The species and their origin, cultivation world production. In: *Brassica oilseed.* Oxon, CAB International, Reino Unido, pp 1-7.

32) Kumar V, Thakur AK, Barothia ND e Chatterjee SS (2011) Potencialidades terapêuticas da *Brassica juncea*: uma visão geral. TANG, 1: e2.

33) Li J, Ho CT, Li H, Tao H e Tao L (2000) Separação de esteróis e álcoois triterpénicos de fracções insaponificáveis de três óleos de sementes de plantas. *J. Food Lip.*, 7: 11-20.

34) Liu JG, Li KQ, Xu JK, Zhang ZJ, Ma TB, Lu XL, Yang JH e Zhu QS (2003) Toxicidade, absorção e translocação do chumbo em diferentes cultivares de arroz. *Plant Sci.,* 165: 793-802.

35) Liu D, Jiang W, Liu C, Xin C e Hou W (2000) Absorção e acumulação de chumbo por raízes, hipocótilos e rebentos de mostarda indiana *[Brassica juncea* (L.)]. *Biores. Tech.,* 71:273.

36) Luciano FB e Holley RA (2009) Inibição enzimática pelo isotiocianato de alilo e factores que afectam a sua ação antimicrobiana contra *Escherichia coli* O157:H7. *Int. J. Food Microbio,* 131: 240-245.

37) Majer BJ, Tscherko D e Paschke A (2002) Efeitos da contaminação dos solos por metais pesados na indução de micronúcleos em Tradescantia e nas actividades enzimáticas microbianas: uma investigação comparativa. *Mut. Res.,* 515: 111124.

38) Malan R, Walia A, Saini V e Gupta S (2011) Comparação de diferentes extractos de folhas de *Brassica juncea* Linn na atividade de cicatrização de feridas. *Euro. J. Exp. Bio,* 1:3340.

39) Manohar PR, Pushpan R e Rohini S (2009) Mustard and its uses in ayurveda. *Ind. J. Trad. Knowl.*, 8: 400-404.

40) Marchiol L, Leita L, Martin M, Peressotti A e Zerbi G (1996) Physiological responses of two soybean cultivars to cadmium. *J. Environ. Qual.,* 25: 562-566.

41) Marshner P (2012) Marschner's Mineral Nutrition of Higher Plants, terceira edição. Academic Press, Londres, Reino Unido.

42) Martin JA (1966) Ensaio de fertilização do feijão em estufa em três solos. *Ricai Gour Tuvrialba,* 17: 411-418.

43) McGrath SP (1994) Effects of heavy metals from sewage sludge on soil microbes in agricultural ecosystems (Efeitos dos metais pesados das lamas de depuração nos micróbios do solo em ecossistemas agrícolas). Toxic Metalsin Soil-Plant Systems. Wiley, Nova Iorque, pp 247-273.

44) McGrath SP (1998) Plants that hyperaccumulate heavy metals. CAB International, Wallingford, pp 261.

45) McNaughton SA e Marks GC (2003) Development of a food composition database for the estimation of dietary intakes of glucosinolates, the biologically active constituents of cruciferous vegetables. *Brit. J. Nut.*, 90: 687-697.

46) Meiri A e Poljakaff-Mayber A (1967) Effect of chloride salinity on growth of bean leaves in thickness and in area. *J. Bot.,* 6: 115-123.

47) Mishra AK e Kumar A (2008) Rapesed-Mustard Genetic Resources and its Utilization. Centro Nacional de Investigação da Colza-Mostarda (ICAR), Sewar, Bharatpur, Rajasthan, Índia.

48) Nieman RH (1965) Expansion of bean leave and its suppression by salinity (Expansão da folha do feijão e sua supressão pela salinidade). *Plant Physiol,* 40: 156-161.

49) Nishi S e Tsunoda S (1980) Brassica crops and wild allies: biology and breeding, Tóquio, Japanese Science Society Press, pp. 133.

50) Okulicz M (2010) Efeito multidirecional dependente do tempo da sinigrina e do isotiocianato de alilo nos parâmetros metabólicos em ratos. *Plant Foods Human Nutri,* 65: 217-224.

51) Ozdemir F, Bor M, Demiral T e Turkan I (2004) Effect of 24-epibrassinolide on seed germination, seedling growth, lipid peroxidation, proline content and antioxidative system of rice *(Oryza sativa)* under salinity stress. *Regulação do crescimento das plantas,* 42: 203-211.

52) Padmaja K, Prasad DDK e Prasad ARK (1990) Inhibition of chlorophyll synthesis in *Phaseolus vulgaris* seedlings by cadmium acetate. *Photosynt,* 24: 399-405.

53) Palma JM, Sandalio LM, Javier Corpas F, Romero-Puertas MC, McCarthy I e del Rio LA (2002) Plant proteases protein degradation and oxidative stress: role of peroxisomes. *Plant Physiol. Biochem.,* 40: 521-530.

54) Prashant T, Bimlesh K, Mandeep K, Gurpreet K e Harleen K (2011) Phytochemical screening and extraction: Uma revisão. *Int. Pharma. Sci.,* 1(1): 98106.

55) Qadir S, Qureshi MI, Javed S e Abdin MZ (2004) Genotypic variation in phytoremediation potential of *Brassica juncea* cultivars exposed to Cd stress. *Plant Sci,* 167: 1171-1181.

56) Reichman SM (2002) The responses of plants to metal toxicity: a review focusing on copper, manganese and zinc. The Australian Minerals Energy and Environment Foundation, pp 54.

57) Rohr H e Baughinger (1976) Análise cromossómica em todas as cultivares do hamster chinês após aplicação de sulfato de cádmio. *Mutat. Res.,* 40: 125-126.

58) Sandalio LM, Dalurzo HC, Gomez M, Romero-Puertas MC e del Rio LA (2001) Cadmium-induced changes in the growth and oxidative metabolism of pea plants. *J. Exp. Bot,* 52: 2115-2126.

59) Seyyedi M, Timko MP e Sundqvist C (1999) Protoclorofilídeo, POR e formação de clorofila no mutante lip1 da ervilha. *Physiol. Plant.,* 106: 344-354.

60) Sharma A, Kumar V, Kaur SK, Thukral AK e Bhardwaj R (2015a) Fitoquímicos em plântulas *de Brassica juncea* L. sob tratamento com imidaclopride e epibrassinolida utilizando GC-MS. *J. Chem. Pharma. Res.,* 7: 708-711.

61) Sharma A, Kumar V, Singh R, Thukral AK e Bhardwaj R (2015b) 24- Epibrassinolide induz a síntese de fitoquímicos afectados pelo stress do pesticida imidaclopride em *Brassica juncea* L. *J. Pharmaco. Phytochem.* 4: 60-64.

62) Siedlecka A e Krupa Z (1999) Interação Cd/Fe em plantas superiores, suas consequências para o aparelho fotossintético. *Photosynt*, 36: 321-331.

63) Singh S e Sinha S (2005) Acumulação de metais e seus efeitos em *Brassica juncea* (L.) Czern. (cv. Rohini) cultivada em várias alterações de resíduos de curtumes. *Ecotoxicol. Environ. Safety,* 62: 118-127.

64) Spect CE e Diederichsen A (2001) Brassica. In: *Mansfeld's Encyclopedia of Agricultural and Horticultural Crops* (Hanelt P, ed.) (6 vols.). Springer-Verlag, Berlim, Heidelberg, Nova Iorque, pp 1453-1456.

65) Thakur AK, Kumar V e Chatterjee SS (2013) Atividade ansiolítica do extrato de folhas de mostarda indiana tradicionalmente utilizada (*Brassica juncea*) em ratos diabéticos. TANG, 3: e7.

66) Van Assche F e Clijsters H (1990) Effects of metals on enzyme activity in plants. *Plant Cell Environ,* 13: 195-206.

67) Walia A, Malan R, Saini S, Saini V e Gupta S (2011) Efeitos hepatoprotectores dos extractos de folhas de *Brassica juncea* no modelo de rato induzido por CCl4. *Der Pharmacia Sinica* 2: 288-99.

68) Williams CH e David DJ (1973) The effect of superphosphate on the cadmium content of soils and plants. *Aust. J. Soil Res.* 11: 43-56.

69) Woods DL, Capcara JJ e Downey RK (1991) The potential of mustard *(Brassica juncea* (L.) Coss) as an edible oil crop on the Canadian Prairies. *Can. J. Plant Sci.,* 71: 195-198.

70) Yokozawa T, Kim HY, Cho EJ, Choi JS e Chung HY (2002) Antioxidant effects of Isorhamnetin 3, 7-di- O-beta-D-glucopyranoside isolated from mustard leaf *(Brassica juncea)* in rats with streptozotocin-induced diabetes. *J. Agri. Food Chem.*, 50: 5490-5495.

71) Zhang Y (2010) Allyl isothiocyanate as a cancer chemo preventive phytochemical. *Mol. Nut. Food Res.*, 54: 127-135.

Printed by Books on Demand GmbH, Norderstedt / Germany